増補改訂版

ニワトリと暮らす

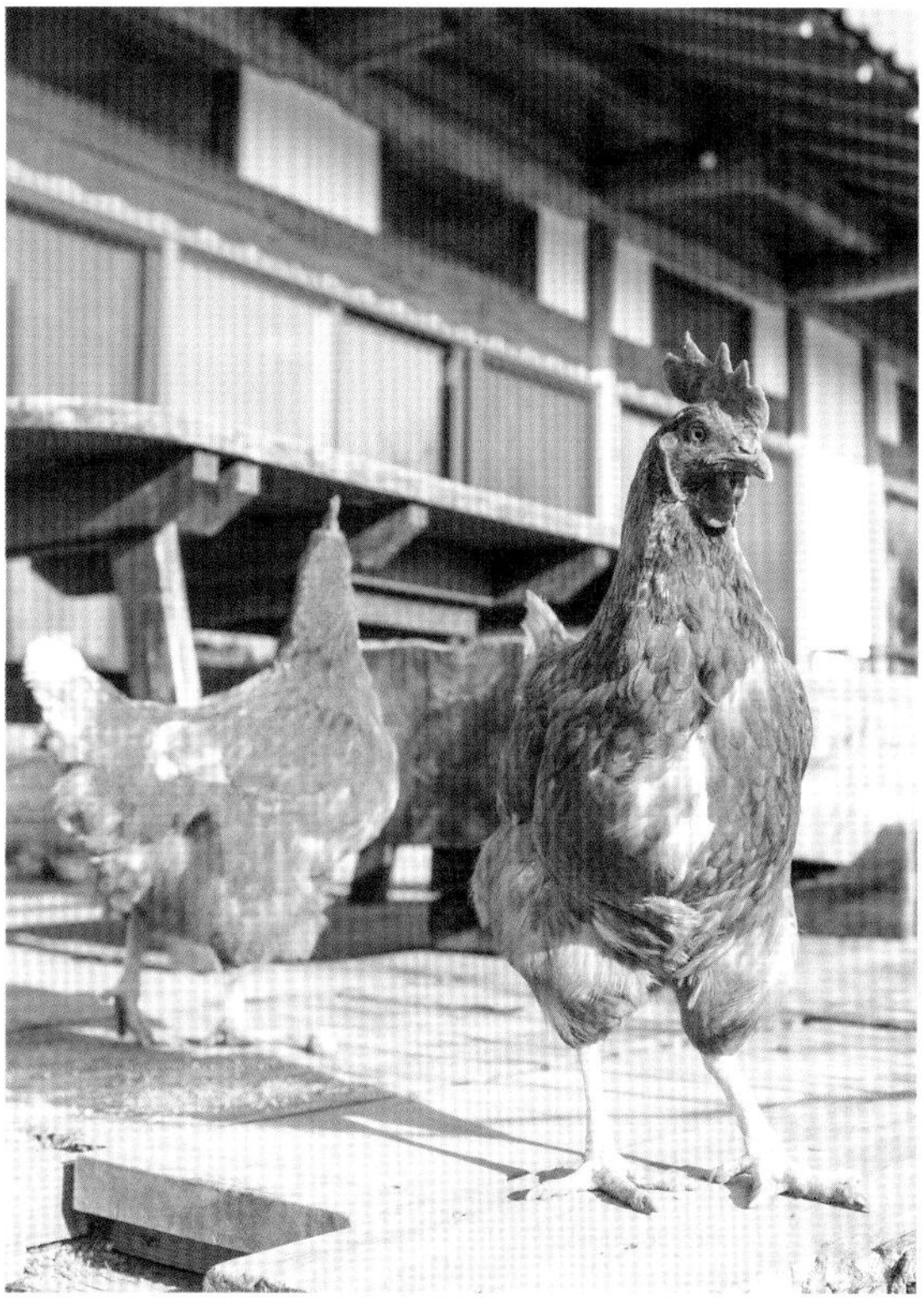

監修 今井和夫
著 和田義弥

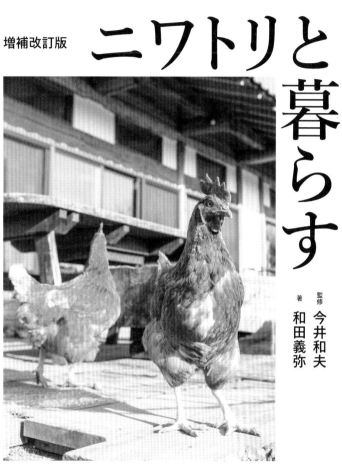

はじめに

私が、茨城県の筑波山を望む農村に暮らして、早10年が経とうとしています。この土地に来て最初にやったことは、ちょっと傾いた小さな古民家を快適に住めるように直すこと。それから雑草に埋もれた石ころだらけの土地を開墾して畑をつくり、ニワトリを飼い始めました。その後、古民家に変わる母屋をセルフビルドで建て、イヌやネコやウサギやヤギもやってきて、今年は満を持して田んぼも始めます。自給自足的といえばそうなのかもしれませんが、本人的には、そういう意識よりも自分で手足を動かして必要なものをつくり出す生活を単純に楽しんでいるだけです。

何事もそうですが、最初から知識や技術があったわけではありません。畑も、建築も、生き物の飼育も、本を読んだり、先人から話を聞いたりして、見よう見まねでやっていく中で身についていったものです。それでやる気さえあれば素人でも自分の住む家が建てられ、家庭で消費する野菜のほとんどを自給できるようになれるのです。気楽なのは、プロとしてやっているのではなく、遊びだということ。自分が面白がれればいいのです。

ニワトリは、近所の農家から産卵率の落ちた廃鶏をもらいました。卵の自給はもちろんですが、ニワトリが庭に放し飼いされている牧歌的な風景が私は好きです。

本書は庭先でニワトリを飼う楽しみを紹介した本です。

初版は2015年に発行されましたが、諸事情で一時絶版になっていました。ただ、その後も本書を入手したいという問い合わせが何件かあり、どうにか再販できないものかと切望していたところ、このたびグラフィック社から増補改訂版として改めて出版されることになりました。

初版から5年あまり経っていますが、従来の内容については一部の訂正と補足をしたのみで、大きな手は加えていません。第一章の「ニワトリと暮らす人々」についても、実例として初版当時に取材した内容をそのままの形で載せています。そのうえで、今回新たに都心のマンションや住宅地の小さな庭でニワトリを飼っている2人の方に話をうかがい、田舎とはちょっと違う都会ならではの飼い方を紹介しています。また、わが家のニワトリのいる暮らしを実用的な情報を交えたエッセイとして増補しました。

ニワトリという名称は「庭の鳥」からきているように、昔は農家ならたいていの家で飼われていました。それだけ飼いやすくて、役に立つ生き物なのです。

田舎で自給的暮らしをしたいと思ったら、ニワトリを飼わない手はありません。

この本では、ニワトリを飼っている方々への取材と私の経験をもとに、平飼い養鶏農家の今井和夫さんに監修していただき、ヒナのかえし方から、エサのやり方や小屋のつくり方、そして、最後、肉にするまで、庭先養鶏のノウハウを解説しています。

本書を通じて、ニワトリのいる暮らしの楽しみを少しでも感じてもらえれば幸いです。

和田義弥

ニワトリは昔から人と一緒に暮らし、

親しまれてきた生き物です。

今では珍しくなりましたが、以前は田舎に行くと、

農家の庭先などで

ニワトリが走り回っている光景が見られ、

朝方にはどこからともなく

コケコッコーと甲高い声が聞こえてきました。

時計が普及する以前、

その声は、時を告げるものとして、

大変重宝されていました。

ニワトリを飼えば、毎日、新鮮な卵が手に入ります。

かわいらしい愛玩品種などもいて、

人懐っこく、とても飼いやすい生き物です。

そんなニワトリとの暮らしを実現させるための

ノウハウをご紹介しましょう。

人懐っこくて、とてもかわいらしいんです

ニワトリは、田舎の自給的暮らしに欠かせない生き物です。

毎日おいしい卵を産んでくれるのはもちろん、

フンは畑で育つ野菜の栄養分になり、放し飼いにすれば庭の除草にも役立ちます。

家庭から出る生ゴミやくず野菜も食べてくれるので無駄がありません。

そして、最後は感謝をこめてお肉としていただきましょう。

ニワトリとの暮らしはいいことがいっぱいあります。

安心、安全な
おいしい卵を産んでくれます

フンを発酵させて畑に施せば、
野菜が元気に育ちます

庭の除草もおまかせ。ミミズを見つけたら大喜びです

最後は命に感謝し、いただきます

くず野菜や生ゴミをよく食べます
有機物が循環するんです

まずは知りたい大図解 ニワトリの体

ニワトリはとても身近な生き物ですが、
その体の仕組みや能力については知らないことがいっぱいあります。
ニワトリが歩くときにいつも首を動かしているのはなぜ？
耳や鼻はどこにあるの？
頭の赤い冠やあごから下がった肉ぜんは何のためにある？
翼があるけど飛べるの？
そんな疑問を解明するために、
まずはニワトリの体について説明しましょう。

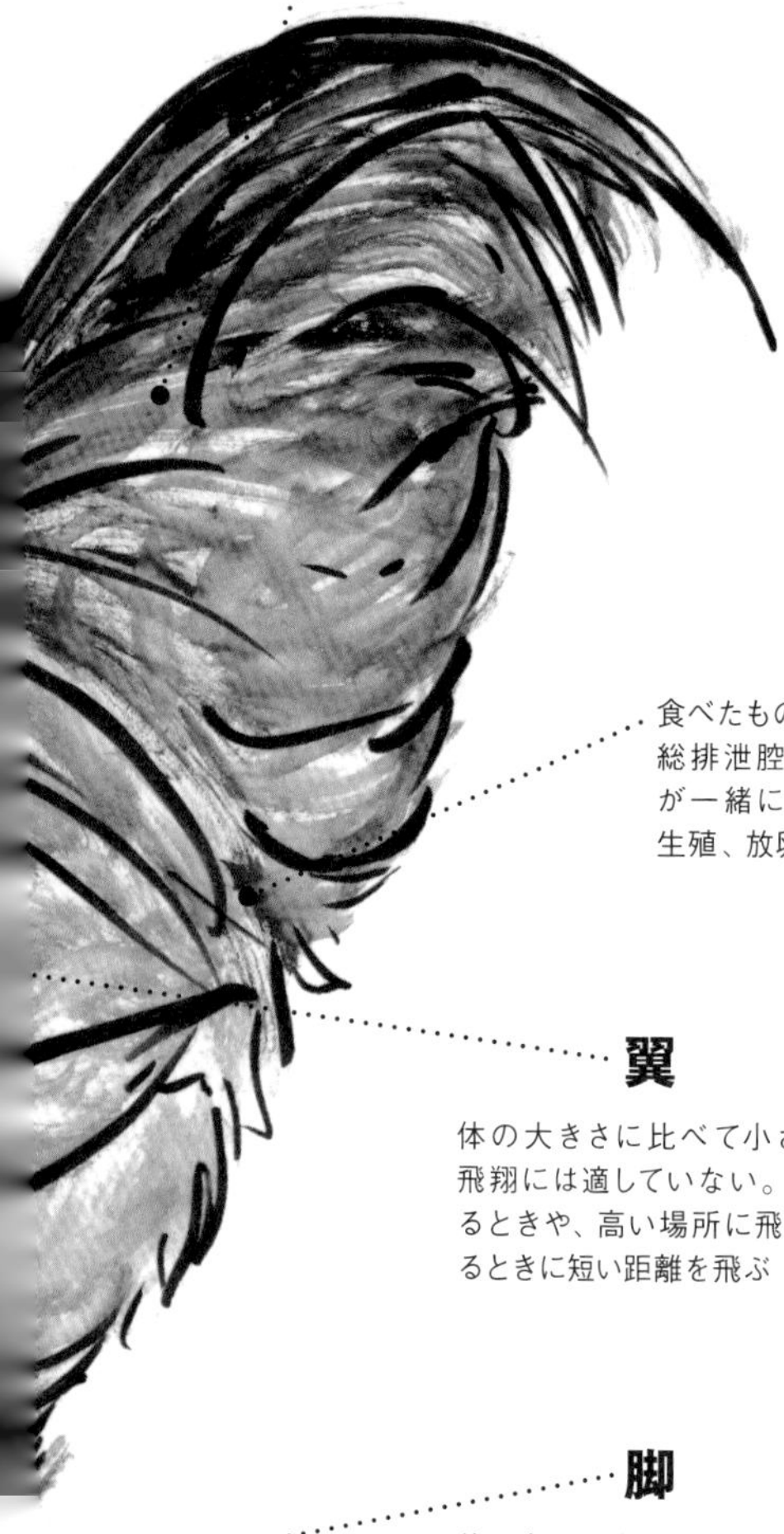

尾

オスは長く、メスは短い。尾の付け根の発達した尾腺から、耐水性に富んだ物質を分泌し、羽毛の濡れを防ぐ

尻

食べたものは消化されたあと、総排泄腔からフンとおしっこが一緒になって排泄される。生殖、放卵も兼ねる器官

翼

体の大きさに比べて小さく、飛翔には適していない。逃げるときや、高い場所に飛び移るときに短い距離を飛ぶ

脚

体を支え、地上で活動できるように発達している。ももより下の部分は皮膚が硬質化した脚鱗に覆われている

けづめ

オスに見られる、足の後方に伸びた突起。攻撃するときに使われ、闘鶏用のニワトリは特に発達している

冠

一般にはとさかといわれる頭部の赤い突起。形は品種によって異なる。メスに比べてオスのほうが発達している

耳

哺乳類のような耳介はなく、羽毛をめくると目の横に小さな外耳孔がある。警戒心が強く、聴覚は優れている

目

視覚は比較的優れ、情報の大部分を目から得ているといわれている。ただし、夜は視力が著しく低下する

耳朶

外耳孔の下についている耳たぶのこと。品種によって形や色が異なり、赤い色のものが多いが、白いものもいる

鼻孔

くちばしの根元あたりに左右一対の鼻孔があり、1分間に20～40回の呼吸をする。体調を崩すと鼻汁を垂らす

くちばし

皮膚が硬質化したもので、穀類などのエサをついばみやすいように発達している。口唇や歯はもたない

肉ぜん

あごの部分にある、皮膚が発達した装飾器官。赤いのは毛細血管に富んでいるため。メスに比べてオスのほうが大きい

首

ニワトリは眼球を動かせないため、首を動かして対象をとらえる。そのため行動中は常に首を前後に動かしている

胸

翼を動かすための筋肉が発達し、体表は羽毛に覆われている。羽毛は古くなると脱落し、新しい羽毛が発育する

足指

足指は4本（ウコッケイは5本以上）。木の枝を握ったり、地面をひっかいたりするため、鋭く、堅く発達している

まずは知りたい大図解
ニワトリ小屋

ニワトリ小屋

小屋の広さは、1坪あたり最大10羽を基本とし、飼育する羽数に合わせよう。簡単な基礎に土台を回して柱を立てるか、地面に直接、柱を埋める掘っ立て小屋がポピュラー

風通しがよく、ほどよい日当たりがある場所にニワトリ小屋をつくりましょう。飼育羽数に合わせて、ニワトリたちが元気に活動できる広さでつくってください。小屋には産卵を促すための産卵箱や寝るときの止まり木が必要です。外敵対策も万全にしましょう。

屋根

トタン波板で葺くのが簡単で安価。軒を少し長くすれば金網から雨や雪が小屋の中に吹き込むのを抑えられる

産卵箱

ニワトリが卵を産むための場所。縦、横、高さがそれぞれ30～40㎝くらいのスペースで、中が薄暗くなるようにする

止まり木

ニワトリが寝るときに止まるための横木。30～70㎝くらいの高さに、すべてのニワトリが止まれるようにつくる

水入れ

水は毎日交換していつもきれいにしておく。容器は何でもよいが、ニワトリに倒されないように設置すること

床

床は土の地面が基本。もみ殻や落ち葉を厚く敷いておけばフンと混じって発酵するので、臭いも抑えられる

エサ箱

すべてのニワトリが一斉に食べられる大きさのものを用意する。エサは配合飼料のほか、緑餌やミミズもやるとよい

ケージ

ニワトリ小屋がつくれない環境の場合、小数羽ならケージで飼うこともできる。2羽で床面120×60㎝、高さ80㎝くらいあるとよい。風通しのよい日陰に置く

止まり木

床よりちょっと高くなった場所に止まり木、または台を渡してニワトリの寝床にする

産卵箱

卵が転がらないようにケージの隅に藁やもみ殻を敷いた箱を置いておく

床

消臭効果があるくん炭を敷くと、臭いを抑えられる。まめに掃除して清潔にする

エサ箱

エサ箱は、ケージの中で邪魔にならない小さなものをひっくり返されないように置く

水入れ

水がこぼれるとケージの中が汚れるので、しっかりと固定しておく

金網

小屋の上側は金網にして風通しをよくする。網目はスズメなどの野鳥が侵入できない大きさにする

腰壁

小屋の下側は板などを張って壁をつくっておくことで、外敵にニワトリの存在がわかりにくくなる

カキ殻

卵を産むためにはカルシウムが必須。ニワトリがいつでもついばめるようにカキ殻を置いておく

外敵対策

イタチやネコなどが、小屋に侵入しないようにする。穴を掘られることもあるので、トタンやブロックを埋めておく

まずは知りたい大図解 ニワトリのエサ

ニワトリのエサは、栄養バランスを考えて材料を混ぜ合わせてつくります。ホームセンターや飼料店に行けば、市販の配合飼料が手に入りますが、より健康的に育てるなら入手しやすいものをうまく使って自家配合しましょう。エサやりは毎日のことなので、価格を抑えることも大切です。ニワトリを放し飼いにすれば、庭の雑草やミミズなど自然のものを何でも食べます。

自家配合飼料の主な材料

ニワトリのエサの基本となる配合飼料は、
穀物を中心にいろいろな材料を混ぜてつくります。

くず小麦

くず米と同様に食用に適さない麦。飼料用として販売されているものを入手するか、直接、農家などに相談する

くず米

未熟な米粒や精米の過程で砕けてしまった米など、そのままでは食用に適さない米。配合飼料のメインとなる

ふすま

小麦の精粉過程で出る表皮部分。鉄分やカルシウム、マグネシウムなどの栄養素に富む

おから

豆腐をつくる過程で、大豆から豆乳を搾ったあとに残るもの。食物繊維を多く含む。乳酸発酵させるのに向く

米ぬか

玄米を精米する過程で出る外皮と胚芽部分。粗脂肪、粗たんぱく質を多く含み、ぬか類の中では栄養分が豊富

魚粉

魚を乾燥させて粉末状にしたもの。たんぱく質を多く含み、ヒナの育成や産卵を促進させるために欠かせない

乾燥カシス

カシスを乾燥して粉砕したもの。果実の粉末や果汁なら何でもよい。エサに混ぜると、食味の向上が期待できる

くず大豆

食用に適さない大豆。そのままでは毒性があるので、一度加熱して細かくしてから混ぜる。たんぱく質が豊富

放し飼いでよく食べるエサ

庭で放し飼いにしているニワトリは、雑草やミミズなど、自然にあるものをいろいろ食べます。

昆虫の幼虫

コガネムシやカミキリムシなど甲虫の幼虫を好む。アオムシは食べるが毛虫やスズメガの幼虫は食べない

ムカデ

堆積した落ち葉の下などにいるムカデや小さな虫も大好物。ニワトリ同士で取り合うように食べる

ミミズ

ミミズがいそうな地面をほじくって、見つけたときには好んで食べる。たんぱく源となる生き餌

アブラナ科の雑草

春に見られる菜の花やナヅナなどの葉を食べる。野菜でもキャベツやハクサイなどアブラナ科のものが好き

シロツメクサ

一般にクローバーと呼ばれるマメ科の多年草。茎は地面を這うように広がっていく。春から秋に白い花をつける

イネ科の雑草

メヒシバやオヒシバなど春から秋にかけてどこにでも生えるイネ科の雑草を食べるので、庭の除草に役立つ

その他のエサ

ニワトリは何でも食べる雑食性の生き物です。家庭の生ゴミの処理にも役立ちます。

くず野菜

野菜を収穫したあとの残渣は、基本的には何でも食べる。特にやわらかい葉の部分を好む

トウモロコシ

国産のもの。市販の配合飼料には大抵50%以上の割合で輸入トウモロコシが含まれている。卵黄を黄色くする効果も高い。

市販の配合飼料

炭水化物、たんぱく質、ビタミンなどニワトリに必要な栄養素がバランスよく配合された最も手軽なエサ

イタリアンライグラス

イネ科の一年草。ポピュラーな牧草で、緑の少ない冬に栽培できる。短期間で多収が可能

生ゴミ

野菜の皮や、卵の殻などの食品残渣や残飯。魚の頭や内臓は一度火を通したほうがよい

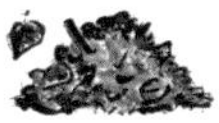

腐葉土

落ち葉など植物性の有機物が分解して土状になったもの。発酵菌などが豊富に存在し、少量をついばむ

まずは知りたい大図解 ニワトリの一生

親鶏が産んだ卵は、約38℃、湿度約60%で発育し、21日目にふ化します。ニワトリの成長はとても早く、やわらかい羽毛に包まれたかわいらしいヒナの時期はわずか10日ほど。150日もすると、もう立派な大人。メスは産卵を始めます。寿命はだいたい10〜15年です。

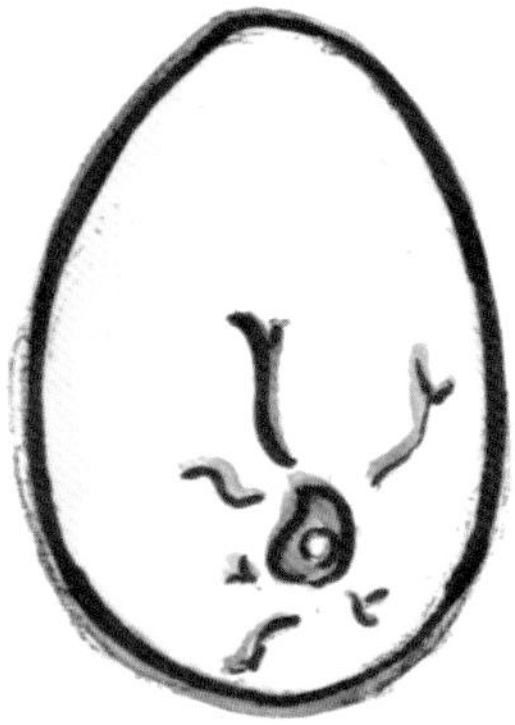

ふ卵2日目

種卵は親鶏が温め始めると胚が発育して血管が形成され、2日目には心臓ができて動き始める

ふ化後1日

ふ化したばかりの初生ビナは体重が40gほど。やわらかい初生羽毛に包まれているが、体温の調節機能は乏しい

幼ビナ（〜30日）

ふ化後30日までを幼ビナという。2週間くらいで産毛の下から若羽が生え、3週間くらいで尾羽がのびてくる

中ビナ（〜60日）

ふ化後60日までを中ビナという。食欲が旺盛になり、筋肉や骨格がよく発達してくる。体重は700gほど

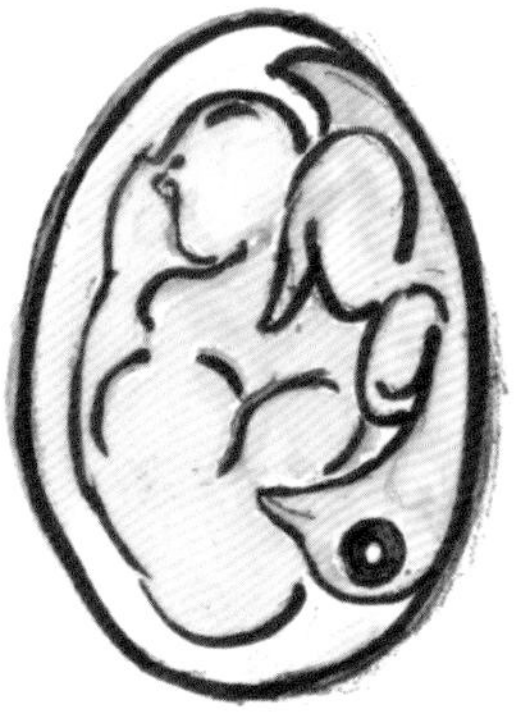

ふ卵10日目

骨格、脳、呼吸器、循環器などが形成され、10日目になると大きな目やくちばし、四肢も発達する

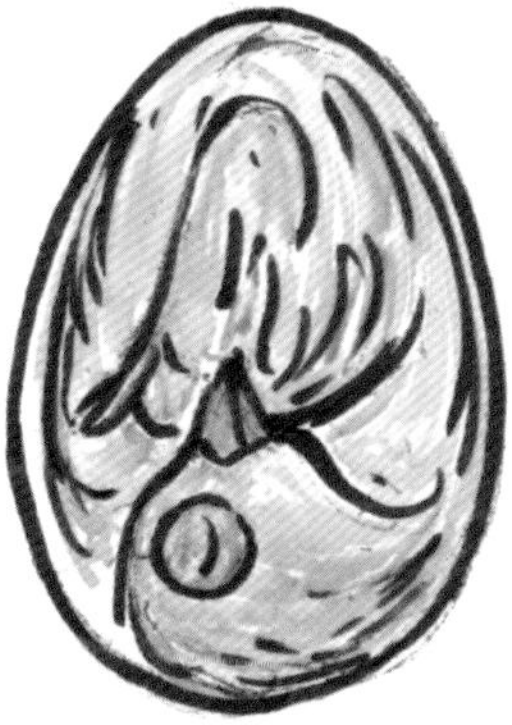

ふ卵19日目

それまであった卵黄がヒナの体の中に吸収され、ふ化の準備が進む。卵黄はふ化後にヒナの栄養になる

21日目にふ化

卵の鈍端に近い場所をくちばしの先で破ってふ化する。濡れている羽毛は30分くらいすると乾く

成鶏（150日以降）

メスは150日前後で産卵を開始する。2年目以降、産卵数は徐々に減り、7〜8年で停止する。寿命は10〜15年

大ビナ（〜150日）

61日以降を大ビナという。120〜130日齢頃には性成熟が進み、冠も伸びてくる。体重は150日で約1600 gになる

ニワトリと暮らす目次

Chapter

ニワトリと暮らす人々

庭先養鶏をしている人たちは、ニワトリとの暮らしをどのように楽しんでいるのでしょうか。

なぜニワトリを飼おうと思ったのか？

ニワトリの魅力はどんなところにあるのか？

どんな飼い方をしているのか？

平飼いの養鶏家から、田舎で自給的暮らしを実践する家族、
都会の住宅地でニワトリを飼っている人など、
それぞれのライフスタイルをのぞいてみましょう。

きっと、ニワトリとの暮らしに夢がふくらみます。

※「ニワトリと暮らす人々」（P20-39、P48-52）は、初版発行時（2015年10月）の情報です。

Interview 001
Kazuo Imai

兵庫県宍粟市

今井和夫さん

教師から養鶏農家に転身
自然豊かな環境の中で
のびのびとニワトリを育てる

Profiel

1958年生まれ。養鶏農家。1989年に大阪から兵庫県宍粟市（旧千種町）に移住して就農。現在は約1000羽のニワトリを平飼いし、卵と肉を出荷している。エサは地元の米を使った自家配合飼料と緑餌、水は千種川源流の天然水を使用するなど、安心、安全な食にこだわっている。

今井さんちのニワトリたち

名古屋種
肉用鶏として飼育。一般的な肉用鶏に比べると肉付きは小さいが、丈夫で育てやすく、味がよい

シェーバーレッドブロ
肉用種。卵用種に比べてがっちりとした体つきで、動きが鈍い。成長が早く約100日で肉にする

ゴトウモミジ
国内で幾世代にもわたり、選抜交配を繰り返して作出された純国産の実用鶏。産卵数は年間300個以上

ボリスブラウン
平飼いの養鶏で最もメジャーな卵用鶏。今井さんちでも主力の品種。メスの毛色は茶色いがオスは白色

野菜農家は難しいが養鶏ならやっていける

「養鶏農家は、自給的暮らしに向いてるんちゃうんかなぁ」

しみじみとそう話すのは、兵庫県宍粟市の旧千種町で養鶏農家を営む今井和夫さん。清流として知られる千種川の源流に近い中国山地の麓で、約1000羽のニワトリを飼育している。山を背負った斜面に建つ鶏舎から望む景色は、大半が田畑と森の木々。沢を流れる水の音がニワトリの声に混じって絶え間なく聞こえてくる。

自宅や鶏舎をセルフビルドし、卵や肉はもちろん、自給用の野菜と米も栽培するなど、手づくりの暮らしを実践している今井さんだが、その前職は教師。土の地面などほとんどない大阪の街中で暮らしていた。

「その頃、まだ小さかった長女がひどいアトピーだったんです。そんなこともあって食については真剣に考えていました。誰でも体にいいものを食べたいって思うでしょ。それが農家を志した一番のきっかけです。自分でつくったものなら納得できますからね。それに子どもを育てるなら自然が豊かなところのほうがいいに違いないから」

農家になることを決意した今井さんは、大阪・藤井寺の有機農家で研修を受けた。そこで、自然養鶏のことを知った。

「農家になる決意はしたものの、研修を受けてみて、農業の素人が野菜をつくってきちんと収入を得るのは、なかなか簡単ではないと実感しましたね。でも、養鶏なら何とかなりそうな思いがあったんです。卵で生活を安定させつつ、鶏フンを利用して自給用の米や野菜をつくる。そういう循環型の農業をやろうと思いました」

1989年、春、縁あって千種町に移住。当初は借家暮らしだったが、間もなく土地を借りることができ、その年の秋から自宅のセルフビルドを始めた。完成したのは翌年の夏。

奥さまのひさ代さんは、主に出荷を担当。移住から2人でいまい農場を盛り上げてきた

Merit

Point 1 メリット

養鶏農家は自給的暮らしに向いている

山の斜面に建つ鶏舎から望む景色。豊かな自然が広がっている。近くに田んぼと畑も借り、自給用の米や野菜を栽培している

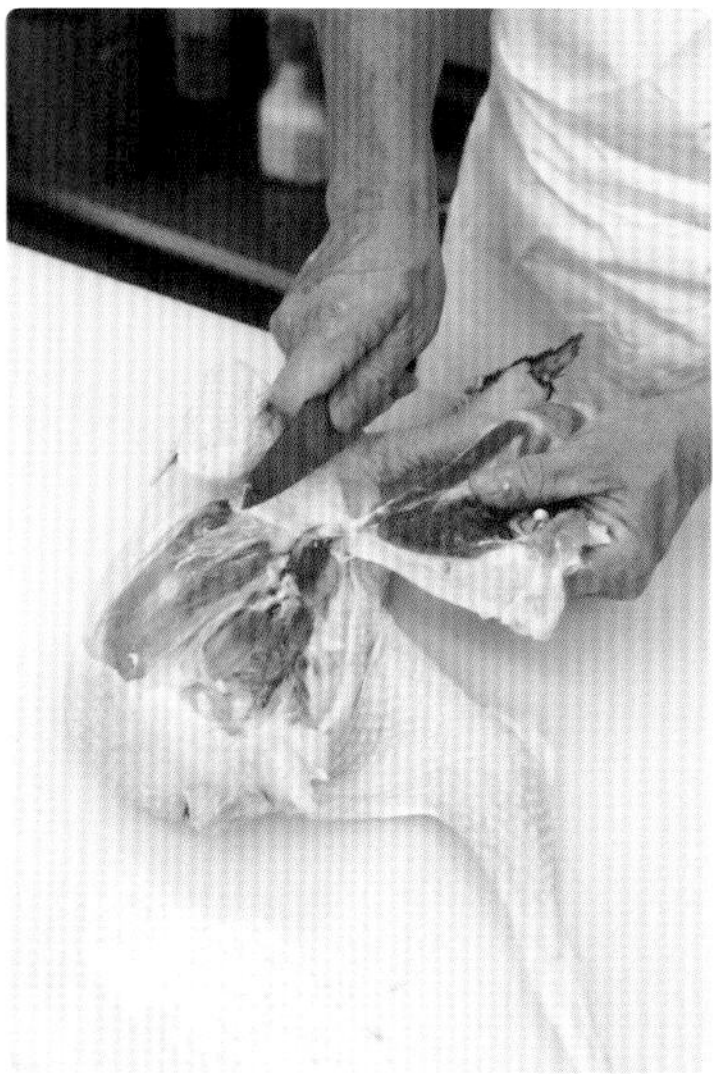

畑を中心とした農的暮らしでは難しい肉の自給も、養鶏農家なら可能。締めたばかりの新鮮な肉は刺身でもおいしい

卵は直接販売で1個100円（税抜）。スーパーの卵に比べるとかなり高いが、自然卵にはそれだけの価値がある

エサには地元で手に入る材料を積極的に使っている。野菜農家から譲ってもらうくず野菜も重宝する

そして、秋に200羽のヒナを導入し、養鶏農家としての一歩を踏み出したのだ。鶏舎の建築もスタート。お金がなかったから材料には廃材を利用した。

「どこかで家を解体するという話があると、その廃材をもらってきて鶏舎を増築し、ヒナを増やす。そして、また廃材をもらっては増築。そんなことを繰り返し、3年後に何とか現在の規模の鶏舎ができました」

　卵の販売は、知り合いに買ってもらうことから始めたが、安全で、安心で、おいしいという今井さんの自然卵の評判は口コミなどで広がり、その頃には何とか生活できるだけの現金収入も得られるようになっていた。今は毎日、約500個の卵を宅配便や自らの配達で消費者に届けている。

「養鶏農家のいいところは、収入が比較的安定するところかな。きちんと世話をしていたら、毎日、卵を産んでくれるし、ニワトリが健康的に過ごせる環境を整えてやれば、病気にもならない。同じ家畜でもウシやブタに比べれば設備投資は少なくて済むし、管理しやすいですからね」

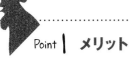

Point 2 食べる

エサと飼い方にこだわり、肉も卵も安全、安心

地鶏や銘柄鶏の肉は適度に歯ごたえがあるが、親鶏（卵用鶏）よりやわらかくて食べやすい

ボリスブラウンのタマヒモ（卵管）やキンカン、手羽を焼き鳥に。肉はやや歯ごたえがあるものの、味は濃い

卵焼き。黄身の色は一見すると薄く感じるが、これこそ米を中心としたエサをいっぱい食べて育った証拠

鶏（チー）油。ニワトリの脂肪を加熱してとれる油。炒めものなどに使うと濃厚なコクが出る。冷凍して保存することも可能

今井さんちのエサ

くず米、米ぬか、魚粉、くず大豆などを混ぜて発酵させた自家配合飼料をやっているほか、2日に1回は、くず野菜や刈り取った雑草などの緑餌をやる

自家製の発酵飼料とわき水で育つ健康的なニワトリたち

今井さんのやっている養鶏は、一般に自然卵養鶏といわれる。自然卵とは「自然の恵みで育ち、薬剤不要の健全なニワトリから産まれる卵」のことをいう。そのために大切なのは鶏舎内をニワトリたちが自由に動き回れる平飼いの環境と安全なエサだ。

「当然ですが、薬剤や抗生物質などはなし。ポストハーベスト農薬が懸念される輸入トウモロコシも使っていません。地元の米や大豆、おからなど、安全なのがわかっている材料を可能な限り自分で集めて、自家製の発酵飼料

拝見！今井さんちの養鶏スタイル

14：00 ▶ 出荷準備
採卵した卵は、夕方、宅配便業者が取りに来るまでに、パッケージに詰める。農場の通信なども添える

16：00 ▶ エサやり
夕方にくず野菜や雑草、牧草などの緑餌をやる。今井さんが消費者に直接、卵を配達しに行く日もある

18：00 ▶ 翌日のエサの準備
世話のほとんどはエサやり、草やり、エサづくりに費やされる。鶏種、日齢によって配合が異なるので手間がかかる

20：00 ▶ 終了
作業が終了するのは日が暮れてから。「ニワトリさん、今日も一日ありがとう」。感謝の気持ちを忘れない

をつくっています。くず野菜や雑草などの緑餌もいっぱいやる。そして何より、ここは水がいい。山のわき水ですから。卵の約7割は水分です。おいしい卵にいい水は欠かせないんですよ」

そんなエサと水で育ったニワトリは、もちろん肉も食材として安全、安心だ。一般的に卵用種を飼育する養鶏農家は、卵の出荷だけで、産卵率の低くなったニワトリは処分するが、今井さんは肉用としても利用。また卵用種とは別に肉用種も飼育している。

「肉を自給するって難しいけど、養鶏農家はそれができます。自給的暮らしって、口でいうほど簡単じゃないのはわかっています。でも、自分でいろいろやってみるのは面白いと思う」

今の世の中で、どこまでやれれば自給的なのか。自分で家を建て、田畑で米や野菜をつくり、ニワトリから卵と肉とささやかな現金収入を得る。そして周囲に広がる豊かな自然。それはもう、多くの人が憧れる現代の自給的暮らしではないだろうか。

健康的なニワトリはヒナのときからしっかり育てなくてはいけない。ヒナが飲んでいる水には酢を1～2%混ぜている。これも病気予防策のひとつ

鶏舎には4匹の番犬がいて、イタチなどの外敵からニワトリたちを守っている。養鶏を始めたばかりの頃、何度かクマに入られたことがある

Live

Point 3 暮らす

養鶏農家の一日は飼育半分、経営・販売半分

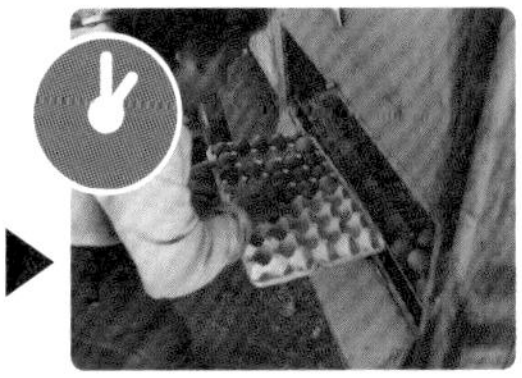

6：00 ▶ 事務作業
毎朝6時前に起床し、朝食をとる前にメールのチェックや調べもの、その他の事務作業などをやる

9：00 ▶ エサづくり
4～5日に1回つくる基本の自家製発酵飼料をもとにして、ヒナ用、肉鶏用など配合を調整する

10：00 ▶ エサやり
エサづくりと並行して、エサやりも進める。前日のエサが残っていたら量を減らすなど、調整しながらやる

13：00 ▶ 採卵
産卵は午前中でほぼ終わるので、午後になったら採卵する。一日約500個。ひとつひとつ丁寧に拾い集める

Hut

Point 4 小屋

古民家の廃材で小屋を手づくり

左上／鶏舎は22の部屋に分かれていて、5坪の広さの部屋に約50羽のニワトリを入れている。土の上を自由に動き回われる平飼いだ　右上／50羽の群れに対して、産卵箱は9つ　右中／産卵箱の後ろに卵が転がるように傾斜がついている　右下／山のわき水が流れる水飲み場　下中／止まり木の高さは30cmほど　下左／廃材を利用して建築

Interview 002
Daigo Kato

山梨県都留市 **加藤大吾さん**

庭を自由に駆け回る 40羽のニワトリは 自家繁殖で増やした オリジナル品種

Profiel

1973年生まれ。2005年、東京から山梨県都留市に移住し、山林を友人たちと開拓して住まいをセルフビルド。ピースフルワーカーを肩書きにして農的暮らしと学びの場づくりを行う。

加藤さんちのニワトリたち

横斑プリマス・ロック

丸みを帯びた体形で、黒と白の縞模様が鮮やかな卵肉兼用種。アメリカ原産

名古屋種

世代を重ねているため純血ではないが、尾の黒い羽は名古屋種の特徴

ゴトウモミジ

日本の風土で育種改良された国産の実用鶏。加藤さんちのは数世代重ねた雑種

天草大王

日本最大級の肉用地鶏。体の大きなニワトリを作出していくために導入した品種

昔の日本の農村のような ニワトリと動物のいる暮らし

「ニワトリは、自給的暮らしに役立てようと思ったのはもちろんですが、卵からヒナがかえったらいいなぁ、なんていうことも期待して飼い始めたんですよ。今じゃ、成鶏が約40羽と、時期にもよりますが卵からふ化させたヒナが20～30羽います」と、ニワトリへの親しみを込めて話す加藤大吾さん。

　山梨県都留市の里山にあるそのお宅は、とてもにぎやかだ。奥さまとお子さん4人の6人家族に加え、イヌ2匹、ヒツジ4頭、ウマ1頭を飼っている。そして、ヒナを含めて60～70羽のニワトリがいる大所帯なのだ。東京で生まれ育った加藤さんは、2005年に都留市に移住し、今のような暮らしを始めた。

「自然に囲まれて暮らしたいというのは、前から思っていたんです。仕事的に東京にいる理由もなかったしね。長女が生まれたことも行動するきっかけになったかな」

　ニワトリを飼い始めたのは移住して3年目。名古屋市に拠点を置く、「名古屋コーチン協会」に連絡をとり、名古屋種のオス1羽とメス9羽を取り寄せた。

「ニワトリを飼えば、毎日、新鮮な卵が食べられますからね。生ゴミが処理できるのもいいところ。ニワトリのエサになるので、無駄がないんです。また、畑で野菜をつくっていればニワトリは絶対にいたほうがいいですよ。くず野菜や雑草、虫などを食べてくれるし、ニワトリ小屋の床土は、エサとして投入した有機物とフンと土をニワトリがひっかきまわすことによって発酵が進み、畑に施せばいい肥料になるんです」

　最初の名古屋種を入手してから、その後、さまざまな品種を導入。さらに自家繁殖を繰

自然に囲まれた環境でたくさんの動物たちとにぎやかに暮らしている加藤さん一家

拝見！加藤さんちの養鶏スタイル

Point | メリット

平飼いの床を堆肥化させて菜園に活用

発酵した床土は、そのまま肥料として畑に施せる。その畑で育った野菜を家族やニワトリたちが食べ、循環する

ニワトリ小屋の床土は、くず野菜などの有機物とニワトリのフンが混じって常に発酵している。嫌な臭いもまったくしない

夕方、庭を自由に走り回るニワトリたち。ほかのニワトリに比べて、ひときわ大きな体の天草大王は、交尾の相手でも探しているのだろうか

加藤さんちでは4頭のヒツジを飼っている。刈り取った羊毛からセーターを編むことにも挑戦中

り返し、今いる約40羽は基本的に雑種だ。とはいえ、それは意図をもって作出された強く健康的なニワトリたちである。

「もう6代くらい更新しているかな。それもむやみやたらに代を重ねさせるんじゃなくて、意図をもって作出していくんです。たとえば、人に攻撃する気性の激しいヤツや体が小さい弱そうなヤツは、僕、食べちゃうんです。すると、人には懐くけど外敵には強い、体の大きなニワトリが残っていくでしょ。そうやって毎年40羽くらいのヒナをかえしています。半分はオスだから、半年くらいして体が大きくなった頃に食べちゃうんですけどね（笑）」

そして、自家繁殖をやっていく中で、より体が大きく、肉がおいしいニワトリをつくるために導入したのが、天草大王。希少な品種で、ヒナや成鶏を手に入れることはかなわず有精卵を入手してふ化させ、種鶏に育てた。

「今いるニワトリは、みんな天草大王の血が半分は入っています。面白いのがね、たとえば、天草大王と横斑プリマス・ロックの子が生まれたとしたら、その子はどちらにも似ないんです。もっと前の世代の特徴が出てくるんですよ。長い歴史の中で人の手によって改良され、品種が固定されていないからなんで

卵からヒナをかえして育てる

親鶏がほかのニワトリに邪魔されずに卵を温めるための抱卵小屋。床には藁が敷いてある

ふ卵器を使うこともある。温め始めてから21日でかえるので、そうしたらヒナを別の親鶏に預けると一緒に育ててくれる

春から夏にかけてヒナをかえし、毎年40羽くらいを育てている。雑種のため世代をさかのぼって、いろいろな品種の特徴が出るのが面白いという

加藤さんちのエサ

エサはネズミなどに食べられないようにドラム缶に入れて保管。くず米のほかにくず麦、おから、ふすまなどもやる

上／ニワトリが雑草を食べてくれるので、夏でも草刈りの手間なし　下／加藤さんちで飼っているウマ。伝統的農法、馬耕を実践している

Live

Point 3 暮らす

ニワトリとの一日は朝が早い！

8：00 ▶ エサやり
ニワトリの様子を観察しながらエサやり。くず米が基本のエサだ。たっぷりやる

13：00 ▶ 卵回収
品種によって殻の色や大きさが異なるさまざまな卵が手に入る。午後になったらまとめて回収する

15：00 ▶ 散歩、夕食
時間は季節によって異なるが、日没の3時間ほど前に庭に放す。ニワトリの夕食時間

Eat

Point 4 食べる

自然で育てた卵はおいしい！

朝食は卵かけごはんが多い。シンプルにいくなら味付けはしょうゆ麹。ちょっと贅沢に味わうなら、のり、ゴマ、とろろ昆布を加えるのが加藤流

すが、いろいろな個性のニワトリが出てきて、とても興味深いですよ」

最近は、加藤さんなりの選抜を繰り返してきた結果、ちょっとずつ個性が安定するようになってきたという。実用鶏ほど高い産卵率は期待できないかもしれないが、自家繁殖で自分の品種をつくるのは、ニワトリを飼う楽しみのひとつだ。それこそ自給養鶏といえる。

放し飼いで夕食
自由に草を食べさせる

加藤さんちでは、いつも日没の3時間ほど前になると、小屋の扉を開けてニワトリたちを庭に放す。

「夕食の時間です。庭や山の中を好きなように駆け回らせて、草や虫やミミズなど自然のものを食べさせるんですよ。だから、ほら、うちの庭、草がほとんど生えていないでしょ。草刈りの手間がなくていいですよ。ただし、畑だけはニワトリが入れないようにしておかなくちゃダメ。瞬く間に全滅しますから」

夕方は、交尾が盛んに行われる時間帯でもあり、オスたちは目当てのメスを見つけては走り寄って、背中に覆いかぶさる。

イヌもよくしつけられていて、決してニワトリにちょっかいを出そうとはしない。ヒナがヒツジの背中に乗っていたりして、動物同士とても仲がいい。

ちょっと田舎暮らしに憧れている人なら、ニワトリが自由に庭を駆け回る加藤さんちの光景を見て、きっと思うはずだ。こんな暮らしがしてみたい、と。

Point 5 小屋

運動も休息も思いのままの工夫がいっぱい

A lot of invention that both the exercise and the rest go just as want!

上／ニワトリ小屋は基礎石に柱を立てた簡単な構造　中右／水飲み場は水道とつながっており、水洗トイレのタンクと同じ仕組みで、水が減ると自動的に給水される　中中右／屋根の下地板は2～3㎝のすき間をあけて張ることで、小屋の中に光が入るようにした　中中左／産卵箱。入り口に布を垂らして薄暗い環境をつくっている　中左／梁をそのまま止まり木に利用　下右／親鶏が卵を温めるときの巣箱　下左／多様な微生物が活動している発酵床

Interview 003
Shin Morimura

福島県白河市 **守村　大**さん

ニワトリは自給的暮らしの基本。締めて、さばくのも朝飯前。

Profiel

1958年生まれの漫画家。「万歳ハイウェイ」「あいしてる」など、代表作多数。現在は東北新幹線・新白河駅から車で約10分の山中で開墾生活を送る。その模様は「まんが新白河原人 ウーパ！」（講談社全10巻）、およびイラストエッセイ「新白河原人」（同社全2巻）に詳しい。

守村さんちのニワトリたち

ウコッケイ

白い羽毛をもった中国原産のニワトリ。卵は栄養価が高いといわれ非常に高価。ウコッケイの中にも毛並みや毛色、冠などが異なるさまざまな内種がいる

ボリスブラウン

守村さんの地元では赤鳥と呼ばれる。農協で780円の成鶏を入手。よく卵を産む

名古屋種

愛知県特産の卵肉兼用種。卵をよく産み、肉もおいしい。ペットショップでヒナを購入

卵や肉など豊かな恵みを供してくれるニワトリたち

「やっぱ、自給的暮らしの基本だろ！」

実感をこめて力強くそういうのは、『まんが新白河原人ウーパ！』（講談社、全10巻）で、自身の開墾生活をマンガにしている守村大さん。マンガはフィクションと断られているものの、大筋は守村さんご本人の暮らしそのままである。

自給的暮らしに生き方の理想を求めて、それまで住んでいた東京から、みちのくの玄関口、福島県白河市の外れにある山の雑木林に守村さんが移り住んだのは2007年。チェーンソーやショベルカーを操って、およそ東京ドーム1個分に相当する森を開墾し、ログハウスをセルフビルドした。それから畑をつくって野菜を栽培し、次に目をつけたのがニワトリだった。

「卵や肉はもちろんだけど、当時は畑の肥やしが欲しかったからさ。今は不耕起の自然農で、肥料的なものはそれほど必要としていないんだけど、畑を始めたばかりの頃は、野菜は肥料をやらなきゃ育たないと思っていたんだよ。ニワトリを飼えば鶏フンが手に入るだろ」

最初のニワトリは農協から入手した7羽のボリスブラウン。最もメジャーな卵用種で、若いうちはほぼ毎日のように卵を産む。

しかし、しばらくは十分すぎる量の卵と鶏フンを供給してくれた最初のニワトリたちは、その後、地面に穴を掘ってニワトリ小屋に侵入したイタチによって1羽を残して全滅。今は名古屋種やウコッケイなど40羽ほどを飼っている。

「毎日、5〜6個の卵を食べていても、とてもじゃないが消費しきれない。だからさ、う

およそ東京ドーム1個分の広さがある敷地のごく一部。居住区として、自らショベルカーで開墾した

拝見！守村さんちの養鶏スタイル

Merit

Point 1 メリット

卵から羽まで余さず有効活用

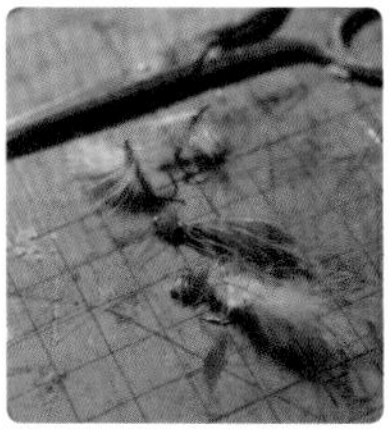
渓流釣りを趣味とする守村さん。ニワトリの毛はフライの材料としても利用している

ときどき締めて、肉にもする。硬い肉も圧力鍋を使うとやわらかくなり、おいしく食べられる

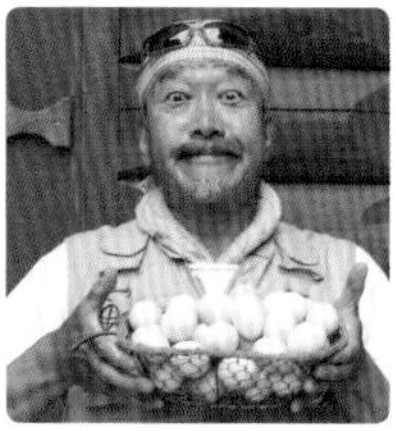
約40羽のニワトリたちが、毎日食べきれないほどの卵を産む。手土産としても喜ばれる

ちに来る人に持たせる手土産はみんな卵なの。喜んでくれるよ。ウコッケイの卵なんて普通に買うと高いもの」

ニワトリはしばしば締めて、肉にもしているが、初めてそれを試みたときは、緊張のあまりナイフを持った手が震えたという守村さん。結局、ナイフでは締め切れず、手斧でスパンと首を落としたものの、しっかり押さえつけていなかったニワトリの胴体は、そのまま羽をばたつかせて15秒ほど走り回り、守村さんはただ茫然とその様子を見守っていたという。

「締め方は頭では分かっていたけど、実際にやるとなると、最初はやっぱりとまどうよ。でも、2回目はもうなれる。肉は硬いよ。ゴムを噛んでいる感じ。でも、うまいね。コクがあるんだ。オレ、子どもの頃に見ていたギャートルズってマンガに出てくるマンモスの骨つき肉に憧れていてさ、それを連想させるな」

マンガの中で年間食費約20万円とうたう守村さん。卵や肉など豊かな恵みを供してくれるニワトリは、田舎の自給的暮らしに欠かせない存在なのだ。

上／セルフビルドしたハンドカットログハウス。隣はサウナ小屋
下／森の中には立派なツリーハウスも建っている

Hut

Point 2 小屋

ニワトリの数に応じてDIYで拡張

止まり木には自然木を利用。床にはボイド缶で自作した不断給餌器が置かれている

上／広さ約4.5坪のニワトリ小屋。ほかにもうひとつ1坪サイズの小屋がある　下左／イタチに侵入されたのを教訓にして、小屋の周りには丸太と波板を埋め込んである　下右／小屋に併設された運動場。日当たりと風通しを考えて、壁と天井に網が張ってある

守村さんちのエサ

エサはホームセンターで手に入る配合飼料。価格は20kgで1000円ほど。一日1回、午前中にやる。ひしゃくを使ってエサ箱へ

Cook

Point 3 さばく

締めて、さばいて、一羽丸ごといただく

上左／ニワトリをさばくのに便利なアウトドアキッチン　上右／手斧でパツンと首を落としたニワトリは、両足を縛って逆さに吊るし、血を抜く　下／羽毛をむしったら、もはやチキン。解体して部位ごとにわける

Interview 004
H.T

神奈川県川崎市 **H.Tさん**

個性的でかわいらしい品種がいっぱい 住宅地でもニワトリは飼えるんです

Profiel

3羽のウコッケイを飼い始めたのをきっかけに、現在はニワトリやチャボ、ウズラ、ブンチョウなど、合わせて40羽以上の鳥たちと暮らしている。住まいは川崎市の住宅街。仕事は自営業。

H.Tさんちのニワトリたち 1

東京うこっけい
産卵数の向上を図り、一般的なウコッケイを選抜、改良して、東京でつくられた品種

スプラッシュ・シルキー
全身がふさふさの絹糸羽に包まれたウコッケイの一種。ちょっと太ったネコのよう

ポーリッシュ
一見するとニワトリとは思えない貴婦人のようないでたち。有精卵からふ化させた

ライト・ブラマ
アメリカ、またはインドを起源とする大型の肉用鶏。猛禽類のように精悍な顔つき

住宅地ならではの工夫で小さな庭に13羽のニワトリを飼う

「飼い始めたら、はまっちゃってね」と、そのことがまんざらでもなさそうに笑うH.Tさんは、3羽のウコッケイをインターネットで入手したのをきっかけに、現在13羽のニワトリを飼っている。住まいは神奈川県川崎市の住宅地に建つ一軒家。隣の家は庭から手を伸ばせば届きそうなくらい近い。周りに田園風景が広がるような田舎の暮らしとは違う。しかし、そんな都会の住宅地でもニワトリを飼うことはできるのだ。

「飼っているのはすべてメスです。ニワトリ特有の甲高い声で鳴くのはオスなので、住宅地でもメスだけを飼っていれば鳴き声で困るようなことはそんなにないんです。昼間は、基本的に庭で放し飼い。夜はケージに入れて家の中にしまいます。早朝の鳴き声対策です。メスだけとはいってもまったく鳴かないわけではないので」

　ニワトリ小屋は、野菜のビニールハウスに使うパイプなどを利用して1坪ほどの広さで自作。床は土の地面で、1週間に1回程度、鍬で耕し、たまったフンを土に混ぜ込んでいる。その後は土中の微生物によって分解されるので、臭いはまったく気にならない。

「ニワトリのことで近所から何かいわれるようなことはありませんし、工夫すれば住宅地でも飼えますよ。ただ、私の場合はちょっと数多く飼いすぎかも。飼い始めるときに、住宅地なら1～2羽にしといたほうがいいよとアドバイスを受けたんですが、確かにその通り。13羽もいると大変です。でも、かわいくてね。人にもよく懐くんですよ」

　H.Tさんの飼っているニワトリは個性的な品種が多い。その迫力ある姿と大きさに惹

H.Tさんちの庭。奥に見えるのがニワトリ小屋で、手前のケージにはウズラやブンチョウやジュウシマツなどの小鳥を飼っている

H.Tさんちのニワトリたち 2

逆毛チャボ
羽毛が薄く、また逆立っているのが特徴。H. Tさんちのは非常に神経質だという

桂チャボ
チャボの中では最もメジャーな種類。白い羽毛は翼と尾の先だけが黒い

猩々チャボ
羽毛は淡い黄色で、ピンと跳ね上がった尾の先端だけ黒い。ペットショップで購入

Merit

Point | メリット

人懐っこくてとてもかわいい

上／ほとんどのニワトリは人懐っこく、抱いたり、なでたりすることもできる。膝に乗っているのは小地鶏　下／品種によって卵が違う。小柄なチャボの卵は小さめ

かれたというライト・ブラマは、オスで体重は4・6～6kg、メスでも3・2～4・1kgになる大型の品種だ。もともとは肉用鶏だが、日本では愛玩用として飼われている。ポーリッシュはふさふさした髪の毛のような毛冠のある愛玩鶏。チャボも4品種飼っている。

「ニワトリって、それぞれ性格や個性が違って面白いですよ。小地鶏っていう手のひらに乗るくらい小さなニワトリがいるんですけど、これはとても人懐っこい。一方で、チャボの一種、逆毛チャボはかなり神経質で、なかなか人に寄りつきません。私は、卵を目的にニワトリを飼っているというより、見たり、接したりするのを楽しんでいるほうだから、個性的で、かわいらしい品種を求めちゃうんですよね」

人懐っこくて愛らしいしぐさを見せるニワトリは、眺めているだけでどこか気持ちが癒やされる。ニワトリを飼い始めてから、H・Tさんにとって、今ではその存在が暮らしの中になくてはならないものになっている。

Hut

Point 2 小屋

庭の狭小スペースを上手に利用

左／庭の限られたスペースを利用して自作したニワトリ小屋。屋根は樹脂製の半透明の板で、夏は日よけをかけている　中上／止まり木に乗るニワトリたち　中下／産卵箱にアプローチするためのスロープが設けてある　右／床にフンがたまらないように鍬で耕して土と混ぜる

H.Tさんちのエサ

上／コマツナや葉ダイコンをプランターで栽培。ニワトリたちは好きなように食べる　下／ミールワームという生き餌は、ニワトリたちの大好物

Invention

Point 3 工夫

夜はケージに入れて室内へ

上／夕方になったらニワトリをケージに入れて室内にしまう。メスでもときどき鳴くので、早朝の鳴き声が近所迷惑にならないようにするための対策　下／ケージの底にはフンの臭いを抑えるためにもみ殻くん炭を敷いている。かなり効果的。処理するときは燃えるゴミで出す

Interview 005
Hacks@
Itabashiku

東京都板橋区

Hacks@板橋区さん

ニワトリと一緒に公園へお散歩
地域の子どもに大人気

Profiel

一家４人で東京・板橋区に暮らす。お子さんは小学生の男の子と女の子。アウトドアスポーツとDIY、家庭菜園が大好き。ニワトリを飼い始めたのは2020年から。ニワトリとの日々を紹介するTwitterが大人気。ウコッケイ1羽とロード・アイランド・レッド1羽を飼育中。

Twitter　Hacks@板橋区 twitter.com/MyLifeHacksDIY
Instagram　instagram.com/MyLifeHacksDIY/
HP hacks-diy.com

Hacks@板橋区さんちのニワトリたち

東京うこっけい
都市部の小規模養鶏場向けに、産卵率の向上を図って選抜、改良されたウコッケイ。全身を覆う柔らかくて白い羽毛が愛らしい人気品種。Hacks@板橋区家では主に可愛らしさ担当

ロード・アイランド・レッド
赤玉卵を産む卵肉兼用品種。年間産卵数は180～280個。丈夫で飼いやすい。種鶏としても優秀で、多くの銘柄鶏作出に利用される。Hacks@板橋区家では主に卵担当

地域の人とのつながりを大切に 都心で楽しむニワトリ飼育とDIY

Twitterで発信する「ニワトリとの生活」が評判を呼んでいるHacks@板橋区さん。一家4人が暮らす都内の家には、ロード・アイランド・レッドのクッキーと東京うこっけいのゆきみちゃんがいる。

「飼い始めたきっかけは、コロナによる非常事態宣言ですね」

キャンプやBBQが好きなHacks@板橋区さん一家だが、外出自粛のムードが漂う東京で、外遊びができない子どもたちのために動物を飼えないかと考えた。

「以前から、自給自足的な暮らしに憧れがあったんですよ。だから単純なペットではなく、食につながる動物を飼おうかと思って」

ニワトリならかわいいだけでなく、卵を産んでくれるし、将来は肉にすることもできる。そう考えていたが、

「最終的にはさばいて食べるつもりだったんですが、かわいくなっちゃってもう無理かな。毎日の卵だけで十分満足しています」

2羽のすみかはDIYでつくった小屋だ。

「DIYは趣味でもあるし仕事でもあります。戸建物件の賃貸業をしているので、内装工事や設備修理など、自分でやることが多いんです。この小屋は以前つくった机をバラして、子どもたちとつくり替えたものなんです」

ウッディな外壁に屋上緑化風に植えられたハーブの緑がしゃれている。

「屋根のハーブはニワトリのおやつと小屋の遮熱を兼ねています。ニワトリは暑さに弱いそうなので。ハーブも好きでエサと一緒にドンドン食べます」

ネコやカラス対策で窓の網は二重に。床はスノコで、上にアクリルの板を敷き、もみ殻をまいてある。掃除するときは汚れたもみ殻を取り出し、全体を水洗いできるので、清潔に保てるのだ。

朝はニワトリへのエサやりと水の交換で始まる。エサは市販の配合飼料をメインにくず

Hacks@板橋区さん宅は板橋区内の閑静な住宅街にある。自作の小屋で2羽のニワトリを飼育している

拝見！Hacks@板橋区さんちの養鶏スタイル

Hut

Point 1 小屋

手づくりの小屋の屋根にはハーブが茂る

市販のスチールメッシュを二重にした窓でニワトリを守る。夜は外側にもう一枚追加。「網の間から顔を出してカラスにやられないようにするためです」

小屋は木製。DIYしたテーブルを解体した廃材を再利用して組み立てた。屋根の上には遮熱とエサづくりを兼ねたハーブの鉢植えが載る

野菜とハーブをブレンド。

「散歩で行く公園では虫や小石をついばんでいます」

歩いて数分の公園へ2羽を抱えての散歩は、地域の子どもたちに大人気。公園に着いたら地面に放すが、特に逃げたりすることもなく、砂浴びをしたりとリラックスした雰囲気。

「飼い始めてすぐ、ゆきみちゃんがネコに襲われたんです。都会とはいえ動物たちは自然の中で生きているんだなと実感しました」

ゆきみちゃんは近所の人の声かけで無事に救出できたそう。

「ニワトリ飼育を検討したとき、やはり近隣の人たちの反応は心配しました」

臭いや鳴き声は迷惑なものとされることが多いが、しっかりと管理すれば臭いは少なく、メスを選んだために鳴き声も近所迷惑になるほどではない。

「ここは都市とはいえ昔からの住人が多い地域。お年寄りの中には、以前ニワトリを飼っていた人もいて懐かしがってくれます」

都市部での飼育を心配するTwitterフォロワーからの質問も多いそうだが、

「飼い始めるときは周囲にあいさつしました。卵をお裾分けすると喜んでもらえます。自分たちだけでなく、みんなにニワトリを楽しんでもらえたら嬉しいですね」

Hacks@板橋区さんのように誠実に対応し、丁寧にニワトリを見守っていれば、周囲に理解をしてもらいやすいのだろう。

「1羽でも今は食べきれないほどの卵が得られます。これからも成長を見守りたいです」

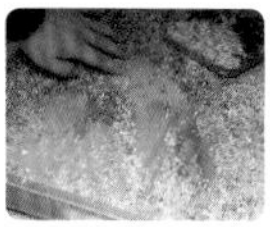

丸棒でつくった止まり木。「あると安心するみたいですね」
右／もみ殻の下はアクリル板とスノコで水洗いをしやすく工夫　左／木をくり抜いた棚にお椀がスポッとはまり、水入れが固定できる

褐色の殻はロード・アイランド・レッドが産んだ卵の特徴。「好みの玉子料理はシンプルにゆで卵。妻は玉子スープ。子どもたちは目玉焼きハンバーグが大好物です」

Point 2 散歩

昼下がりの公園へ、ニワトリと散歩

公園へ移動するニワトリたち。2羽とも散歩と公園が大好きなようで、進んでHacks@板橋区さんに抱きかかえられる

近くの児童公園で日向ぼっこ。ニワトリにとって直接土に触れる機会は重要だ。砂浴びや虫捕り、小石をついばむなど思い思いに過ごす。よく懐いているので逃げることはないが、外敵の危険や他の人へ迷惑をかけないよう、絶えず目は離さない

喧嘩せず仲よくエサを食べる2羽。エサと水が切れると鳴き声が大きくなるので、なるべくこまめにやるようにしている。小屋のすぐ横には水道があり、いつでも掃除可能

Hacks@板橋区さんちのエサ

エサは近くのホームセンターで購入するトウモロコシベースの配合飼料を基本に、くず野菜やハーブを混ぜている。「八百屋でキャベツの外葉などをもらってきます。子どもたちが公園で捕ってきた虫は大好物のおやつですね」

Interview 006
Mayu Oyamada

東京都 小《お》山《やま》田《だ》繭《まゆ》さん

23区内のマンションでニワトリ5羽、ネコ5匹との穏やかな毎日

Profiel

都内マンションに夫と暮らすIT企業勤務の会社員。競争馬に携わる仕事の経験があり、競馬や乗馬が大好き。幼い頃からネコとともに暮らしてきたことから、遺棄されたネコたちの保護や引退した競争馬を支援する活動に参加している。ニワトリ飼育歴6年。ウコッケイ４羽と品種不明の１羽を飼育中。

Twitter　繭@小山田　twitter.com/harutaro0529
Blog　ameblo.jp/nukonukodorei/

小山田さんちのニワトリたち

軍鶏×横斑プリマス・ロック？
専門業者から購入したウコッケイの卵に混入していた。大きくなってびっくりしたそう。通常は卵の大きさで分かるのだが、母鶏が若かったのか卵が小さかった。かえって3カ月だがすでにかなりの大きさ。プープーと鳴く可愛い乱暴者だそう

ウコッケイ
中国原産のニワトリで、皮、骨、肉、内臓が黒みがかっているのが特徴。産卵数は少ないが、ふわふわと美しい白い羽毛と小柄な体格、大人しい性格から飼育人気が高い。小山田家では現在4羽を飼育中

ニワトリ優先でマンションを選択 ベランダが日向ぼっこの空間に

ＩＴ企業に勤務する小山田藺さんは、都内のマンションに夫と二人暮らし。室内に案内されるとネコのさきさんがニャーッと迎えてくれた。５羽のニワトリと５匹のネコが同居しているが、室内は静かで整然としている。

「ニワトリもネコもみんな仲よし。喧嘩したり騒いだりってことはありませんよ」

東京生まれの小山田さんだが、かつて競争馬に関わる仕事をしていたこともあり、動物が大好き。そんな彼女がニワトリを飼い始めたのは２０１４年10月。家族が癌になったことがきっかけだという。

「食事に制限がかかり、良質な卵を探すようになったんです」

しかし、ホルモン剤や抗生剤を使っていない健康的なニワトリが産む安心安全な卵は高価で、毎日の食事には使いづらい。

「それなら自分でニワトリを飼えばいいんじゃないって思ったんですよね（笑）。昔から考えるより先に行動するタイプなんです」

そこからの行動は早かった。

「当時は結婚前で、別のペット可のマンションに住んでいましたが、どうすれば飼育可能か、ひたすら調べました」

そのときに飼い始めたのがウコッケイのブエナビスタ。小山田さんの家ではニワトリには競争馬由来の名前がついている。

「小さい頃からずっとネコと一緒に暮らしてきましたが、それまでペットが役立つって考えはなかったんです。でも、ニワトリは卵を産んでくれる。最高に感動しました」

こうしてニワトリに夢中になった小山田さんだが、結婚を機に引っ越すことに。

「家探しはニワトリが飼えることを優先しました。そこで思ったのが、閑静な住宅街より都心のマンションのほうが騒音に寛容だということです」

静かな住宅街では少しの音でも気になってしまうが、交通量や人の動きのある場所なら、多少の鳴き声などは喧騒に紛れてしまうのだ。

ネコのさきさん。5匹いるネコのリーダー的存在。ほかのネコがニワトリにイタズラしようとすると間に入って止めにくる。お客さんにも大変愛想がいい人気者

拝見！小山田さんちの養鶏スタイル

Cage

Point 1 ケージ

都心のマンションでもニワトリは飼えます！

右／ネコ用の三段ケージを改造した3階建のニワトリケージ　左上／各階の床網にプラ段とビニールシートで土台をつくり、ペット用おしっこシート＋ゴムネットを敷き、その上にもみ殻をまいてある
左下／1階で抱卵する2羽。止まり木の代わりに棚板をつくってベランダ風に

もちろん規約で動物の飼育が認められている物件を選び、管理会社にも確認をとった。

「都市部で飼育するほかの方も同じでしょうが、メスばかりなので鳴き声も静かです」

　動物の世話にはなれている小山田さんなので、掃除などの管理も行き届いており、室内に気になる臭いはない。ケージのもみ殻や床は毎日こまめに消毒し、細菌の繁殖を防止。エサもフンの臭いを抑えるため、発酵飼料を手づくりしている。

「日向ぼっこにはベランダを活用しています」

　健康のため屋外の運動は欠かせない。ベランダの排水を確保し、防草シートと腐葉土を使ったニワトリ専用の箱庭があるのだ。

「外に出たいと言われたときは出してあげ、ケージで休みたいと言われたときは休ませます」

卵は家族で食べるほか、お裾分けにも。菜園をやっている人や農家さんと物々交換することもある。「だし巻き卵がオススメです。味付けは上質の出汁だけ！　夫は卵かけごはんが大好物ですね」

　ニワトリたちは健康でストレスなく暮らしていれば、大きな声で騒ぐこともなく、おいしい卵を産み続けてくれるのだ。

「それでも病気になったときは病院に断られることが多くて、困りました」

　大都市の動物病院はペット専門で、家禽を治療してくれるようなところは少ない。

「あと気をつけるのは暑さ対策。ニワトリは汗腺がないので、夏はクーラーや扇風機を使い、各小屋にまんべんなく冷気が行き渡るようにしています。ニワトリ同士の関係も難しい。中間管理職みたいな気持ちで関係を取り持ってます（笑）」

　肩に乗ったウコッケイの頭を撫でながら笑う小山田さんのニワトリ愛は、これからも尽きそうにない。

Point 2 工夫

ベランダをニワトリ用の庭にアレンジ

右／ベランダをニワトリ専用の庭に。排水と土の流出には注意。開放部には飛び出し防止のネットを張った　左上／砂浴びや日光浴ができるスペースはニワトリたちの健康に欠かせない。夏は暑さ対策で早朝のみベランダに出すそう　左下／抱き上げて日光浴。すっかり大きくなった謎のニワトリ、ザビエルも小山田さんにとても懐いている

小山田さんちのエサ

エサは自家製。水に浸けた小米と米ぬか、くず野菜を1:1:1に少量のパン粉、ぬか床を混ぜて2日間発酵させる。鶏フンを使ってミニ菜園で野菜を栽培。ミミズも養殖し、ニワトリたちの栄養源に。ニワトリが食べられない野菜もミミズなら大丈夫。家から生ゴミは消えたそうだ

ウコッケイは比較的おとなしい性格で、室内で暴れたり走り回ったりすることは少ない。大好きな小山田さんの肩に乗って嬉しそう

Interview 007
Kiyokazu Shitara

神奈川県相模原市

設楽清和さん

創意工夫で、ニワトリの習性を上手に利用したパーマカルチャーを実践

Profiel

1956年生まれ。国際認定パーマカルチャーデザイナー。1996年に神奈川県藤野町（現相模原市）を拠点にNPO法人パーマカルチャーセンタージャパンを設立し、代表を務める。さまざまなワークショップを通して持続可能なライフスタイルを提唱している。

設楽さんちのニワトリたち

パーマカルチャーセンタージャパンの農場。森を背にしてニワトリ小屋や農機具小屋が建つ。もちろんすべて設楽さんのセルフビルド

ボリスブラウン
入手しやすく、飼いやすいため多くの家庭で飼われている

ネラ
オランダ原産の黒いニワトリ。比較的おとなしくて、飼いやすい

循環する暮らしに ニワトリは欠かせない

「畑をやるならニワトリはセットのようなものだな」と、明快にいうのは設楽清和さん。神奈川県相模原市の旧藤野町に拠点を置くパーマカルチャーセンタージャパンの代表を務めている。

パーマカルチャーとは、パーマネント（永続する）、アグリカルチャー（農業）、カルチャー（文化）を組み合わせた言葉で、簡単にいうと農的暮らしを中心に持続可能な環境と社会を築いていこうということ。その考え方の中で、ニワトリは暮らしになくてはならない存在なのだ。

「作物を栽培するには土壌に養分が必要だけど、ニワトリがいればフンが土壌を豊かにしてくれる。雑草も食べてくれるし、野菜を収穫した後の残渣もエサになる。ニワトリがいることで循環するんだな」

そうした畑とニワトリの関係を利用したシステムのひとつがチキントラクターだ。底がない移動式のトリカゴで、中にニワトリを入れて畑に置いておけば、地面をひっかきまわして土を耕し、除草され、フンはそのまま肥料になるという仕組み。そうして数日ごとにカゴを移動させながら、畑の中を徐々に耕していくのだ。

「果樹園とニワトリを組み合わせたチキンコリドールというのもある。やはり鶏フンと除草を期待したものだけど、ホント、ここの果樹はよく育っているものな」

チキンコリドールは果樹園の中につくったトンネル状の通路で、ニワトリはその中を自由に走り回れるようになっている。小屋とも

ちょっと大きく育ちすぎたキュウリを手にするのは奥さまの未来さん。鶏フンやくず野菜などを積み上げてつくる堆肥によって土壌はとても豊か

拝見！設楽さんちの養鶏スタイル

つながっているので、出入りはニワトリにまかせておけばいい。

さらに、ニワトリ小屋にもパーマカルチャーならではのアイデアが盛り込まれている。小屋の中を仕切って温室が設けてあり、気温の低い早春にはそこで野菜の苗を育てられるようになっているのだ。温室の熱源は窓から入る太陽の光と、壁を挟んだ小屋の中で活動するニワトリが発する体温だ。

「パーマカルチャーでは、ニワトリから卵を得るだけじゃなくて、どうすればニワトリをもっと有効的に利用できるか、創意工夫をするよな」

設楽さんのところには29羽のニワトリがいる。25羽はネラという黒いニワトリで、4羽はボリスブラウン。以前は20羽あまりのボリスブラウンを飼っていたが、小屋に侵入したイタチによってほぼ全滅。残ったのが4羽で、ネラは新しく導入したニワトリだ。

「いろいろ対策はしているんだけどさ、どこからか侵入するんだよな。放し飼いにしていて、空からトンビに襲われたこともある。野生の生き物が棲む自然があるからなんだけど、ニワトリを飼う上では大変だよ」

Merit

Point 1 メリット

生き物との暮らしが感受性と創造力を磨く

ニワトリの習性をよく観察して、暮らしに役立てるアイデアを考えながら想像力をふくらませる

息子の天源くんはニワトリが大好き。生き物との暮らしが子どもの感受性を磨く

Utilize

Point 2 利用する

ニワトリの習性を生かしたアイデア

チキンコリドール

果樹園の中につくったトンネルの中をニワトリたちが自由に駆け回る。土に溶けたフンは植物の肥料になる

チキントラクター

直径2mほどの底がないドーム形のトリカゴで、畑の中を移動させながら、ニワトリの習性によって土を耕す仕組み

Point 3 小屋

育苗にも役立つチキンホットハウス

上／壁は透明なガラスで、太陽の光がよく入る。寒い時期の保温性を重視している　下左／小屋の周りにはコンクリートブロックを埋めて、イタチなどが穴を掘って侵入できないようになっている　下右／ニワトリ小屋とチキンコリドールをつなぐ出入り口。右／網で仕切られた右側の部屋が温室になっている。太陽の光とニワトリの体温で、早春に野菜の苗などを育てる

設楽さんちのエサ

上／エサは米ぬかとおからを混ぜて放線菌によって発酵させたものを地面にばらまいてやる　下／くず米もやるようにしている

上／もうひとつのニワトリ小屋。広さは約1坪。地面から外敵が侵入するのを防ぐため、高床式になっている　右／小屋の雨どいが雨水タンクにつながっており、ニワトリ用の水に利用できる

Community

Point 4 コミュニティ

地域の仲間たちでニワトリを飼う

左／藤野地域チキン・プロジェクトのメンバー、新井聡子さん。ネラやホシノブラックなど18羽のニワトリを飼っている　右／卵はその日の当番の人が各家庭の産卵箱から集めてメンバーで均等に分配する

集落でニワトリを共同飼育
留守中のエサやりも安心

設楽さんが暮らす藤野地区には、ニワトリを飼っている人が多い。有志らにより、集落でニワトリの共同飼育が行われているためだ。「地域チキン・プロジェクト」といい、各家庭のニワトリをみんなで助け合いながら飼育することで、旅行で家を空けるときなどに世話をお願いしたり、ニワトリをまとめて安く入手したりできるなどのメリットがある。

メンバーのひとりである新井聡子さんは、2014年の春からニワトリを飼い始めた。「プロジェクトは藤野の5つの集落で行われていて、私が住む集落では5家族が参加しています。みんなで飼うと情報交換もできるし、何より集落で会話が増えて、絆が深まります」

藤野でニワトリを飼っている人たちの多くは自給的で持続可能な暮らしを求めて都会からやってきた移住者だ。そんな人たちが飼い始めたニワトリの鳴き声を聞いて、地元のお年寄りの中には、「昔はどこの家にもニワトリがいたなぁ」と、懐かしみながら話しかけてくる人もいるという。

パーマカルチャーを実践する設楽さんを中心に、ニワトリのいる暮らしが、この町にちょっとずつ根付いている。

新井さんちのニワトリは網で囲んだ中で放し飼いしている。トンビなどに襲われないように天井にも網を張っている

ニワトリ小屋は廃材で建築した。バケツの中の水は下から飲める仕組み

放し飼いしている網の周りには外敵防止に電柵を設置。電源は太陽光

Chapter

2 初めての庭先養鶏Q&A

ニワトリを飼うといっても、
そもそもどうやってニワトリを手に入れたらいいの？
エサは何をどれくらいやればいい？
鳴き声や臭いが近所迷惑になりそうで……。
そんな庭先養鶏の素朴な疑問にお答えします。

とっても素朴なQ&A

Q ニワトリはどこで入手できるの？

A ペットショップで購入できます。

身近な入手先はペットショップです。価格は、品種や月齢、性別などで異なり、300円前後のヒナから、成鶏で1万円以上する高価なニワトリもいます。

ニワトリを飼っている人や養鶏場に頼んで、譲ってもらう方法もあります。養鶏場では定期的にニワトリを入れ替えます。そのときに出る廃鶏は、経済的な産卵率は落ちていますが、基本的にはふ化後2年程度ですので、まだまだ産卵します。

Q ニワトリを飼う上で注意することは？

A 近所に迷惑がかからないようにすることです。

近所に家がある場合、最も気になるのは鳴き声でしょう。夜明け前の午前3時頃には一番鶏が鳴きます。ただし、大きな声で鳴くのはオスなので、メスだけなら住宅地でも飼いやすいです。

臭いにも気を使ってください。ニワトリ小屋の床に落ち葉やもみ殻などを敷いて発酵させれば臭いを抑えられます。放し飼いにした際は、畑に侵入されないようにしましょう。土をほじくり返され、野菜を瞬く間に食べられてしまいます。

Q ニワトリの種類について教えてください。

A 在来種と品種改良された実用鶏がいます。

世界には200種類以上のニワトリがいるといわれています。目的別では卵用、肉用、観賞用と大別できます。外国鶏、日本鶏というようにも分けられ、日本のニワトリは、現在38種が日本農林規格によって在来種として定義されています。養鶏で主流になっているのは、品種改良された実用鶏です。

ボリスブラウン、名古屋種、横斑プリマス・ロック、ウコッケイなどはペットショップにもよく並んでおり、庭先養鶏に向いています。チャボも昔から庭先で飼われていました。500g前後と小柄な愛玩鶏です。その歴史は古く、江戸時代から熱心に飼育されていました。就巣性があるので、ヒナをかえして育てたい人にも向いています。

肉用種は採卵種に比べると、成長が非常に早い。ずんぐりとした体形でほとんど動かない

平飼いでよく飼われている卵用種のボリスブラウン。オスを入れると有精卵ができる

Q どんな飼い方をすればいい？

A 平飼いがいいですよ。

日本の多くの養鶏場では、ケージ飼いといって、身動きがとれないくらい狭いスペースにニワトリを入れて飼育していますが、家庭で飼う場合は、ニワトリ小屋の中を自由に歩き回れる平飼いが基本です。

ニワトリ小屋の床はコンクリートでも、土の地面でもかまいませんが、もみ殻や落ち葉を厚く敷いてニワトリが砂浴びできるようにしてください。雨水が入らないようにして、常に乾いた状態にしておくことが大切です。田舎で周辺に迷惑がかからない環境でしたら庭で放し飼いもできます。なるべく自然に近い環境で飼えば、病気にもなりにくく、ニワトリたちもストレスなく、健康的に過ごせます。

小屋の中をニワトリたちが自由に動き回れる平飼い養鶏。有機物が混じって発酵している床はふかふか

Very simple Q & A

Q 旅行には行ける？

A 水を切らさなければ大丈夫です。

3～4日の旅行でしたら、その間の水とエサをたっぷりやっておけば大丈夫です。エサはやりすぎても、食べすぎることはありません。仮にエサがなくなっても1週間くらいは生きられます。ただし、水は2～3日切らすと死んでしまうので、絶対に切らせてはいけません。1週間以上家を空ける場合は、誰かに世話を頼みましょう。

Q ニワトリの寿命ってどれくらいなの？

A 大切に育てれば10年以上生きます。

平均寿命は10年前後といわれますが、15年以上、長生きするニワトリもいます。産卵が停止するのは7～8年です。

養鶏場のニワトリは、経済的な理由から産卵率が落ちると淘汰されます。その日数は、ふ化後、2年前後です。

Q イヌやネコと一緒に飼える？

A しつけや工夫が必要です。

ニワトリを小屋の中で飼っていれば問題ありませんが、放し飼いにした場合は、イヌやネコはしつけが必要です。

イヌはよくしつければ、ニワトリを外敵から守る番犬として役立ちます。ネコは成鶏を襲うことはあまりありませんが、ヒナには手を出すので気をつけてください。

エサに関するQ&A

Q エサは何をやればいいの？

A 市販の飼料もありますが、自家配合をおすすめします。

ホームセンターや、ペットショップに専用のエサが売っています。トウモロコシを中心に、小麦や油カスなどを配合したニワトリ専用の飼料で、価格は20kgで1000～2000円程度。ヒナ用、成鶏用など発育ステージによって、栄養成分などが異なります。ただし、材料はほとんど輸入作物で、ポストハーベスト農薬や遺伝子組み換え作物の心配があるため、できれば身近な材料で自給するのが望ましいです。

自家配合飼料で欠かせないのが穀物。入手しやすいのはくず米やくず麦です。産卵にはたんぱく源も重要ですので、魚粉やくず大豆などもいいでしょう。さらに、おからやふすま、米ぬかなども加えて、栄養が偏らないように自家配合できれば理想的。卵の殻を形成するためのカルシウムも大切です。飼料用のカキ殻が売っています。雑草やミミズ、くず野菜なども大好きです。

一日1～2回、適量をやる。水も大切。汚れた水がたまらないように毎日取り替える

Q 毎日どれくらいの量のエサを食べるの？

A 5羽でどんぶり1杯程度です。

自家配合の発酵飼料で、よく卵を産む成鶏1羽につき一日120～150g。5羽でどんぶり1杯程度をやれば栄養的には大丈夫です。さらにくず野菜などの緑餌もやるといいでしょう。

庭に放し飼いすれば、ニワトリたちは雑草やミミズなどを好きなように食べて健康的に育ちます。水も大切です。ニワトリに倒されないような水入れを小屋の中に置き、きれいな水を切らさないようにしてください。

Q やってはいけないエサはあるの？

A 化学調味料が入った食品は避けましょう。

スイセンやトリカブトなど、一般的に有毒といわれているような植物以外なら、基本的には何でも食べます。自然のもので食べて好ましくないものがあれば、それはニワトリ自身で、ある程度判断します。

化学調味料を使ってつくられた料理の残飯や菓子類などもニワトリの健康にはあまりよくありません。農薬が使われた野菜も避けましょう。魚の頭や内臓は火を通してやります。

ニワトリ小屋のQ&A

Q & A of the Chicken hut

Q どれくらいの広さの小屋があればいい？

A 畳1枚で5羽以下が目安です。

平飼いでは、小屋の中をニワトリが自由に歩き回れる広さが必要です。目安としては畳1枚の広さで5羽まで。1坪で10羽。なるべく広い小屋でのびのびと飼ってください。小屋の高さは1.8〜2.4mくらいあると、中に人が入って作業をするときに楽です。

ニワトリを飼っている多くの人たちは、自分で小屋を建てています。地面に柱を埋める掘っ立てなど、簡単なつくりでかまいません。間伐材や廃材などが手に入れば、それらを利用して安価に建築できます。

Q どんな場所で飼えばいい？

A 風通しがよくて涼しい場所がいいですね。

雨水が浸入したり、水たまりができたりしない乾いた場所にニワトリ小屋を建てましょう。斜面を利用したり、小屋を建てる場所が周りの地面より高くなるように盛り土をしたりするのもひとつの方法です。また、ニワトリは夏の暑さが苦手なので、風通しがよい涼しい場所で飼うとよいでしょう。木陰などは最適です。東または南向きにして、日の光も入るようにしましょう。

Q 小屋に必要なものは？

A 産卵箱と止まり木をつくってください。

落ち着いて卵を産ませるために、産卵箱が必要です。ニワトリは、狭くて薄暗い場所に隠れるようにして卵を産む習性があるので、そのような環境をつくってください。

産卵箱は幅、高さ、奥行きがそれぞれ30〜35㎝程度。地面から50〜60㎝の高さに設置します。中にはもみ殻などを敷いて、卵が割れたり汚れたりしないようにします。産卵箱は10羽で2〜3個あれば十分です。

また、ニワトリが寝る場所になる止まり木も必要です。これは自然の木の枝でも、木材でも何でもかまいません。地面から30㎝〜1mくらいの高さに、飼っているニワトリが並んで止まれるように設置します。

ほかにはエサ箱と水入れがあればいいでしょう。

産卵箱は飼育羽数に合わせてつくる。いったん止まり木に上ってから入れるようにしておくとよい

卵とヒナのQ&A

Q 卵って毎日産むの？

A ほぼ毎日産む時期もあります。

排卵から卵管といわれる管の中を通って卵ができるまで、24～25時間かかるため、ニワトリは生態的に一日1個以上の卵を産むことはできません。卵用種で年間280個程度です。産卵はふ化後150日前後で始まり、210日前後でピークを迎えます。その後は年をとるにしたがって徐々に減っていきます。産卵は日長にも影響を受けるため、秋から冬にかけてはほとんど卵を産まない時期もあります。

Q 卵からヒナがかえったらいいな。

A 親鶏に抱かせるか、ふ卵器が必要です。

20羽に1羽オスがいれば、約8割の確率で有精卵ができます。それを親鶏に抱かせればヒナがかえります。ただし、品種改良されたニワトリの中には就巣性をもたないものも多く、そういうニワトリは卵を温めません。その場合は、ふ卵器を使ってヒナをかえします。

うまく親鶏に卵を抱かせることができれば、ヒナがかえったあとも面倒をみてくれます。卵を温め始めてから21日でふ化します。

Q ヒナの育て方を教えて。

A 2～3週間は保温しながら育てます。

ふ化したヒナは、親鶏がいれば面倒を見て育ててくれますが、ふ卵器でかえしたヒナやペットショップなどで入手したヒナは、人が育てなければなりません。

ヒナは寒さに弱いので、育すう箱を用意して、ヒヨコ電球などを使い温度調節をしてください。ふ化して間もなくは33～35℃の温度を保ち、2～3週間かけて徐々に自然の気温にならしていきます。ヒナは寒いと固まってピーピー鳴くのでよく観察してください。逆に暑いと羽を広げて苦しそうにします。

エサはふ化して2日目からヒナ用の自家配合飼料や細かく切った緑餌、くず米などをやってください。ヒナを育てる季節は気温が上がっていく春～夏が適しています。

ふ化後2～3週間は育すう箱で保温しながらヒナを育てる。餌づけはヒナ用のエサで

締めて、解体するときのQ&A

Q ニワトリを締めて解体するのに資格などは必要ですか?

A 家庭で消費するなら必要ありません。

ニワトリを絞めて、その肉を販売したりする場合は、食肉処理業の許可などが必要になりますが、家庭で消費するだけなら、資格や許可は必要ありません。誰でもニワトリを絞めて食べることができます。

ニワトリの肉で特に食べてはいけないような部位はありませんが、汚物の残る腸は取り除きましょう。頭や足も処分するか、ダシをとるだけにとどめます。

おいしく食べるには健康的なニワトリを絞めてください。

Q 締め方、解体のコツは?

A 経験を積んで覚えましょう。

ニワトリを絞めるときは、首を完全に落としてしまうより、動脈だけを切るとよいです。このときニワトリが暴れないようにしっかりと体を押さえ、その後、逆さに吊るすなどして血を抜きます。毛をむしる際は65℃くらいのお湯に1分程度つけると毛穴が開いて、むしりやすくなります。ニワトリを絞めるのは、誰でも最初はとまどいます。経験を積んでなれることです。

Q 肉をおいしく食べるには?

A 硬い肉は細かく切るか、圧力鍋でやわらかくします。

普段、私たちが食べているトリ肉は、ブロイラーと総称される肉用鶏の若ドリで、ふ化後51〜55日で出荷されます。

しかし、庭先養鶏でニワトリを絞める場合は、通常、産卵率が落ちてから行います。養鶏場の卵用鶏でも廃鶏にするのは2年弱ですから、庭先養鶏では3年、4年とさらに年を重ねたニワトリを絞めることになるでしょう。これくらいの年になると、肉は非常に硬くなり、そのままではなかなかおいしく食べられません。大きな肉だと噛むのも困難なので、なるべく小さく切ってください。その上で圧力鍋などを使って、やわらかくします。フードプロセッサーでひき肉にするのもいいでしょう。肉にする場合は若いうちにやったほうがおいしく食べられます。

肉はなるべく細かく切ったほうがよい。2年弱のニワトリならほどよい歯ごたえ

病気、トラブルに関するQ&A

Q ニワトリって喧嘩するんですか？

A ストレスがたまらないように飼ってください。

ニワトリはもともと闘争心の強い生き物です。特にオスは群れや縄張りを守るために、外敵を攻撃します。ですから、すでに群れができている小屋の中に新たにニワトリを加えると、攻撃を受けます。これはオスに限らず、メスでもおこります。死ぬまでやられるようなことはめったにありませんが、多少の血は見ます。それが嫌だという人は、弱いニワトリは別飼いするのもひとつの方法でしょう。

また、飼育環境がよくなかったり、エサの栄養が偏っていたりするとストレスがたまり、ほかのニワトリの毛をむしったり、尻をつついたりするなどのトラブルが発生しがちです。養鶏場では、それを避けるため断嘴といって、くちばしの先端を切ってしまいますが、庭先養鶏でそこまでやる必要はないでしょう。

弱いニワトリは床に下りるといじめられてしまうため、止まり木から下りられないことも

Q ニワトリにはどんな病気がありますか？

A 伝染病が怖いですね。

ニワトリの病気には、マレック病、鶏痘、ニューカッスル病などの伝染病があります。発生するとほかのニワトリにも感染が広がる可能性があるので、ニワトリの様子をよく観察し、何かおかしいと思ったら、すぐに獣医や家畜保健衛生所に相談しましょう。ヒナの時期には寄生虫による鶏コクシジウム症が発生しやすいです。

病気の予防には、自然のものを食べさせ、衛生管理に気をつけて、健康的な環境で飼育することが大切です。

Q 鳥インフルエンザが心配です。

A 冬は放し飼いを控えましょう。

全国の家畜保健衛生所では、特に鳥インフルエンザが流行する冬の時期は、あまり小屋の外にニワトリを出さないように指導しています。放し飼いをする場合も、周囲および天井をネットなどで囲い、野鳥と接触しないようにすることが求められます。また、仮に鳥インフルエンザが発生した際に対策がとれるよう、たとえ少数羽でもニワトリを飼っていることを、役所の農政課に報告することをすすめています。

3 ニワトリの飼い方

昔から多くの家の庭先で飼われていたように、
ニワトリはとても飼いやすくて、役に立つ生き物です。
卵からヒナをかえして育ててみるのも楽しそう。
でも、実際に飼うとなると、ニワトリの習性や毎日の行動、エサのやり方、
小屋のつくり方など知っておかなくてはいけないことがたくさんあります。
ここでは実際にニワトリを飼うための具体的なノウハウをより詳しく解説します。

庭先養鶏に適した品種の選び方

卵をたくさん産んでくれるニワトリか。
ヒナをかえして育てたいか。
目的に合わせて飼いやすい品種を探してください。

卵用 実用鶏

ボリスブラウン

アメリカのハイライン社で育種開発された実用鶏。赤玉の王者ともいわれる抜群の産卵性を誇る。性格が穏やかで入手も容易なので庭先養鶏に向いている

外国鶏 品種

ロード・アイランド・レッド

アメリカ原産の卵肉兼用種。現在の赤玉実用鶏の種鶏として広く利用されている。丈夫な体質で飼いやすく、産卵数は年間180～280個。弱い就巣性をもつ

卵をたくさん産んで飼いやすい性格の実用鶏

ひと口にニワトリといっても、世界中には約２００の品種がいると推定されています。そのすべての祖先は、東南アジアから南アジア一帯に棲むヤケイ（野鶏）といわれる野性のニワトリなのですが、長い歴史の中で家畜として人間に飼いならされ、交雑を繰り返した結果、人の暮らしや目的、地域の環境に合わせたたくさんの品種がつくり出されました。

　人間がつくり出したニワトリの品種を用途別にみると、卵用種、肉用種、その両方を目的とした卵肉兼用種が食用品種としてあり、

ゴトウモミジ

日本国内で幾世代にもわたり選抜交配を繰り返して育種された純国産の実用鶏で、日本の風土に適している。強健で各種鶏病に対する抵抗力も高い

ネラ

オランダで育種された黒い羽毛のニワトリ。質のいい赤玉卵を多産する。平飼い向きの品種だが、比較的大食いでエサが少ないと毛食いすることがある

白色レグホーン

世界で最も多く飼われている卵用種。年間280～300個の卵を産む。最高365個という記録もある。性格はやや神経質で、就巣性はない

横斑プリマス・ロック

横斑模様が美しいアメリカ原産の卵肉兼用種。丸みをおびた体型で肉の味にも定評がある。日本には明治時代に輸入され、各地の地鶏の作出にもよく使われている

そのほかに個性的でかわいらしい姿をした愛玩目的の品種や、食肉にも用いられますが闘鶏を目的とした軍鶏類などもいます。また、美しさや鳴き声を楽しむ日本固有の品種もおり、それらの多くは天然記念物に指定されています。

一般に家庭でニワトリを飼う場合、その目的の多くは採卵や愛玩になると思いますが、入手のしやすさ、飼いやすさを考えると、採卵用としてはボリスブラウン、名古屋種、ロード・アイランド・レッド、横斑プリマス・ロック、ゴトウモミジ、イサブラウンなどがおすすめです。

白色レグホーンは多くの人がニワトリの姿としてイメージする赤いとさかと白い羽毛の代表品種ですが、入手はしやすいものの、性格はやや神経質なところがあり、家庭での飼育には若干気を使います。

ボリスブラウンやゴトウモミジ、イサブラウンなどは赤玉鶏種の主流になっているニワトリです。これらは実用鶏、またはコマーシャル鶏といわれ、経済的価値を付加された品種で、育種会社などが系統の組み合わせにより種鶏を生産し、生み出したものです。採卵用

ウコッケイ

江戸時代初期に中国から伝わった品種で、毛並みや毛色の異なる内種も多い。庭先養鶏では比較的ポピュラー。強い就巣性をもつ

名古屋種

日本で明治時代につくられた品種で一般には名古屋コーチンの名前で知られる。年間230個ほどの卵を産み、肉も美味。就巣性がある

日本鶏品種

碁石チャボ

一枚一枚の羽毛が黒と白の2色に分かれ、碁石のような斑模様をしている。チャボ類の特徴として脚が短く尾羽が立っている

猩々チャボ

全身が淡い黄色の美しい毛並みをしたチャボ。尾羽の先だけ黒い色をしている。チャボ類は江戸時代から愛玩鶏として親しまれてきた

チャボ類

や肉用として優れ、飼料効率がよく、とても実用的なニワトリなのですが、その性質は一代に限定されます。つまり、ボリスブラウンに有精卵を産ませて、ヒナをかえしても親と同じ性質をもったニワトリにはなりにくいのです。養鶏農家ではそれでは困りますから、毎回、新しいヒナを仕入れるわけですが、家庭で飼う上ではそんなに高い能力を求める必要はありませんので、実用鶏のヒナをかえしてみるのも、面白いかもしれません。20羽の群れにオスが1羽いれば、80％程度の確率で有精卵が産まれます。

ただし、実用鶏からヒナをかえす場合、ひとつ覚えておかなくてはいけないことがあります。というのは、実用鶏は卵を効率よく産ませるために就巣性が消されていたり、非常に薄くなっていたりするのです。ほとんど卵を抱きませんので、実用鶏のヒナをかえす場合はふ卵器を使ったほうがいいでしょう。

ヒナをかえして育てるなら チャボやウコッケイが◎

ヒナをかえして育てたい場合は、ウコッケ

土佐地鶏

高知県原産。日本の地鶏では最も小型でオスは約700g、メスは約600g。小地鶏ともいわれる。性格はとても人懐っこい

天草大王

熊本県原産の肉用鶏でオスの体重は5.0～6.7kgほどになる。昭和時代に一度絶滅したが、原種の交配により平成4年に復元された

愛玩用品種

スプラッシュ・シルキー

全身がふさふさの絹毛（シルキー）に覆われ、頭に毛冠のあるかわいらしいニワトリ。産卵数はあまり期待できない

ポーリッシュ

17～18世紀にヨーロッパでつくられたといわれる。ふさふさの毛冠が特徴。体重はオスで2.2～2.4kg、メスで1.5～2kg

イヤチャボが向いています。採卵用の実用鶏に比べると、産卵数は少なめですが、おとなしくて飼いやすいですし、就巣性が高いので卵を上手に抱いてくれます。ヒナがかえったあとも親鶏にまかせておけば育ててくれるので安心です。ウコッケイの卵は滋養強壮などの効果があるとされ、産卵数が少ないこともあり、市場では高値で取引されています。チャボは愛玩鶏として、日本人に古くから親しまれてきました。ほかのニワトリに比べると小柄でかわいらしく、毛色や容姿に特徴のある品種がたくさんいます。

　ウコッケイもチャボも江戸時代初期に渡来したニワトリですが、その後、日本で品種が固定されました。こうしたニワトリは日本鶏といわれ、古くから日本の各地域で飼われていて、岐阜地鶏、土佐地鶏、会津地鶏などもそうです。

　ニワトリは品種が違えば毛の色や毛並み、体の形や大きさ、表情なども実にさまざまです。ペットショップなどで実際に、たくさんのニワトリを見ることができれば、見た目で気に入った品種を選ぶのもいいでしょう。

ニワトリの入手法

ペットショップで購入する、養鶏場から譲ってもらう、有精卵からヒナをかえすなど、ニワトリを手に入れる方法はいろいろあります。

価格は幼ビナで約３００円〜 農家にもらうという手も

ニワトリの入手先として、最も手軽なのはペットショップでしょう。時期にもよりますが、ふ化後間もない初生ビナから、保温などをしなくても育てられる中ビナや大ビナ、もちろん成鶏も手に入ります。通常、ワクチンも施されているので安心です。大ビナや成鶏はオスとメスのつがいで販売されていることも多く、一方だけでは入手できない場合があるので、店でよく確認してください。

また、ペットショップといっても、イヌやネコと違って、ニワトリを扱っているところはそれほど多くはありません。鳥専門の店などもあるので訪ねてみるといいでしょう。

ペットショップでは、ボリスブラウンや名古屋種など一般的な採卵用品種や卵肉兼用品種のほか、ウコッケイや軍鶏、チャボ類など、店舗にもよりますがいろいろなニワトリを手に入れることができます。

価格は品種や性別、月齢によって異なります。一般に実用鶏の幼ビナで３００〜１０００円程度ですが、ウコッケイは幼ビナで２０００〜３０００円前後。いずれも中ビナ、大ビナになるとさらに価格が上がり、成鶏は実用鶏で３０００〜５０００円程度、愛玩用や観賞用の品種には1万円以上するものもいます。

愛玩動物（鳥や爬虫類などを含む）の販売は、動物愛護管理法で対面説明が義務付けられているため、インターネットなどによる通信販売はできません。ただし、畜産に関わるものは例外とされているため、採卵を目的とした家禽であるニワトリはインターネットで入手することも可能です。実際、ヒナや成鶏を販売しているサイトや交換サイトもありますが、生体の輸送はエサや水の問題もあり、リスクが高いです。ネットで入手する場合も、受け取りに行くのが理想です。

インターネットでは、より安価に有精卵を入手することもできますので、ふ卵器があればヒナをかえして育てられます。

近所に養鶏農家がいれば、ニワトリを譲ってもらえるかもしれない。その場合、健康的な環境で平飼いをしている養鶏農家がよい

近所にニワトリを飼っている人がいれば、相談してみるのもいいでしょう。直接譲ってもらえなくても、入手先を紹介してくれたり、飼い方のアドバイスを聞けたりするかもしれません。なお、個人に譲ってもらう場合、ヒナは雌雄の判別がつきにくいので、できればある程度大きくなってオスかメスかわかってからのほうがいいでしょう。また、採卵が目的で成鶏を譲ってもらう場合は、卵をよく産むか確認しましょう。

卵をたくさん産む成鶏を安く手に入れたいのであれば、養鶏農家に相談するという方法もあります。養鶏農家では通常2年程度で産卵率とエサ代などの経済性を考え、ニワトリを淘汰します。しかし、産卵率が低くなるといっても、平均して2日に1個以上は卵を産みますから、5羽もいれば家庭で消費する分は十分まかなえます。

産卵個数が少なくなって淘汰されるニワトリを廃鶏といいます。養鶏農家としては淘汰にも費用がかかるので、うまく話をすれば、安価に、またはタダで譲ってくれるでしょう。その際、くちばしが切断されていないか確認してください。養鶏場のニワトリはつつきを防止するために断嘴といって、ヒナのうちにくちばしの先を切っていることが多いのです。そういうニワトリは地面に生えている草をつついて食べることが容易にできません。断嘴をせずに健康的な平飼いをしている養鶏農家に相談するといいでしょう。養鶏場の運営サイクルで廃鶏が出る時期は決まっているので、事前に声をかけておきましょう。

ふ卵場でふ化したばかりの初生ビナを手に入れることもできます。ふ卵場というのは、主に実用鶏の卵をふ化させて養鶏場などにヒナを出荷するところですが、中には少数羽で販売をしてくれるところもありますので、問い合わせてみてください。

ほかにも、農協や畜産センター、各地の地鶏の普及に取り組む団体などに入手先を相談してみるのもいいでしょう。

ヒナや成鶏の入手方法

	長所	短所
ペットショップ	● 信頼性が高い ● 採卵用や愛玩用など、種類が多い ● 実際にヒナや成鶏を見たり、触ったりして選べる	● 取り扱っている店舗や時期が限られる ● つがいに限定されることがある
ニワトリを飼っている人から譲ってもらう	● タダで譲ってもらえることが多い ● 飼い方のアドバイスなどを聞ける	● よく相談することが必要
養鶏場から廃鶏を譲ってもらう	● タダで譲ってもらえることが多い ● 確実に採卵できる ● ワクチンなどの病気予防がされている	● 健康的で断嘴されていないニワトリを選ぶことが必要 ● 廃鶏に限れば、ヒナは入手できない
ふ卵場からヒナを取り寄せる	● 比較的安価にヒナを入手できる	● 個人に少数羽を販売しているところが少ない
インターネットで入手する	● 興味がある品種を探せる ● 有精卵を取り寄せられる	● 生体は輸送のリスクがある ● 有精卵は、確率的に半分はオスになる

ニワトリの行動と習性

ニワトリは社会的で人懐っこい生き物です。その行動や習性をよく理解して、ストレスのない環境で飼いましょう。

ニワトリは元来、闘争性のある生き物だが、群れを乱したり、危害を加えたりしなければ、とても人懐っこい。抱きかかえるのも簡単で、子どもにも寄ってくる

人によく懐き、抱くのも簡単

ニワトリは警戒心が強い生き物ですが、人にはよく懐きます。人間が小屋に入ると足下に寄ってきますし、庭に放し飼いをしていても、しばしば人のあとをついて回る光景が見られます。とてもかわいらしい生き物です。

抱くのも簡単です。両手で羽を包み込むようにして抱えてやれば、おとなしくしていますので、小さな子どもでも抱くことができます。羽を持ってぶらさげると暴れるので気をつけてください。

人懐っこいニワトリがいる一方で、神経質なニワトリや攻撃的なニワトリもいます。性格は個体や品種によって違いがあります。また、人になれるといっても、それはエサをもらえるという程度の認識のようで、イヌのようにしつけることはできませんし、名前をつけて呼んでも、通常、寄ってくることはありません。

逃げるときはとても素早く動き、油断していると小屋から出て行ってしまうこともあります。そんなときは慌てて追いかけると、かえって遠くへ逃げてしまいます。ニワトリを捕まえるときは、地面をひっかいてエサを探しているところにゆっくりと近づき、手が届く距離まできてから、素早く手を伸ばしてパッと捕まえるのがコツです。または、壁や建物など障害物のあるところに追い込み、逃げ道をふさいで捕まえます。ただし、このときも決して走って追いつめてはいけません。ゆっくり歩きながら追い込んでいくのがコツです。

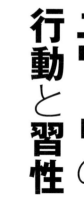

ニワトリの抱き方

両手で羽を押さえるように持つとおとなしくしている。抱くときは両手で包み込み、自分の体にぴたりと押さえつける

ニワトリの体を持って羽を自由にしてしまうと激しく暴れる。また羽をつかんでぶらさげるのもいけない

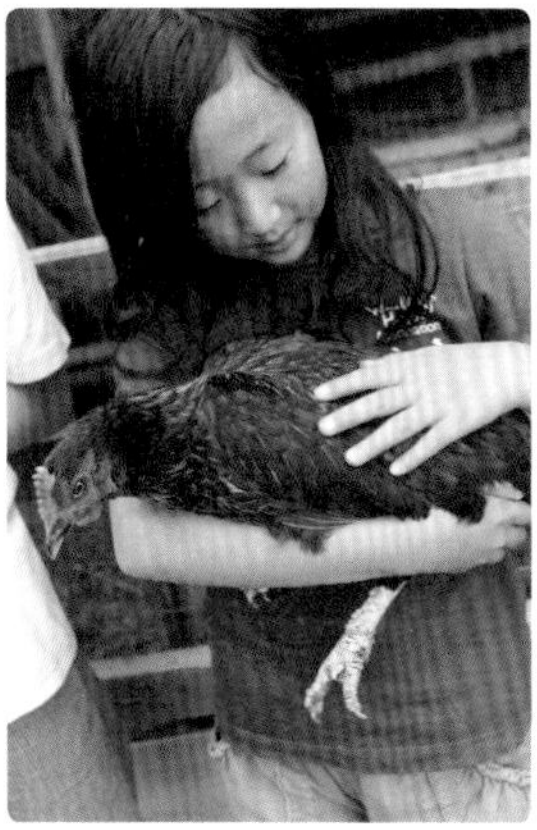

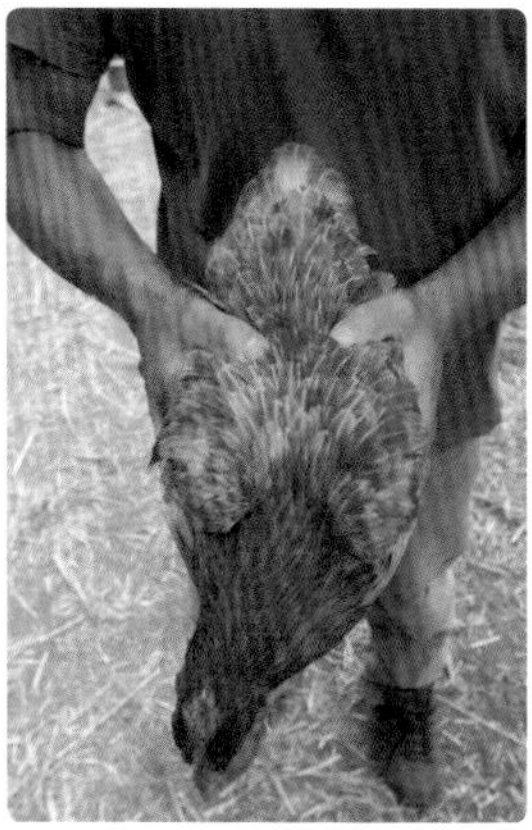

逃げたニワトリの捕まえ方

ニワトリは追いかけなければ逃げないので、手を伸ばして捕まえられるくらいの距離まで近寄り、油断しているところを捕まえるという方法もある

逃げたニワトリは走って追いかけると逃げるので、両手を広げてゆっくりと歩きながら建物の隅などに追い込む。逃げ道をふさいだら最後は素早く捕まえる

群れで行動し、闘争もある

ニワトリは多分に社会的でもあります。ヤケイといわれる野性のニワトリはオス1羽に10羽程度のメスでひとつの群れをつくります。群れの中には必ず順位ができ、家庭で飼う場合も、複数のオスがいると、しばしば闘争によって明確な地位が確立されます。また、できあがった群れの中に新しいニワトリが入ってきた場合も、新参の個体を排除しようという行動が見られ、争いがおこります。

強いニワトリは弱いニワトリに対し、毛を逆立てて威嚇し、くちばしによるつつき、足の爪による刺しや蹴りなどの攻撃をくわえます。狭い小屋の中で群れへの参加を排除されたニワトリは、自由に行動することができず、小屋の隅にうずくまっていたり、止まり木から下りられなくなったりします。すでに飼っているニワトリたちの小屋に新しい個体を入れると闘争が起こりやすいので、なるべく避けたほうがいいでしょう。攻撃性の強いオスは、人間にも飛びついてきたり、くちばしでつついたりして、群れを守ろうとします。

健康維持には砂浴びと日光浴も大切

砂浴びもニワトリにとって大切な行動です。乾いた地面の上に寝転んだり、体に砂や土をかけたりすることで、体についた虫や汚れなどを取り除きます。

また、日差しの弱い冬は、じっと日に当たって気持ちよさそうにしている様子も見られます。日光浴をすることによって、卵の殻の形成に大切なカルシウムの吸収を助けるビタミンDがつくられるのです。こうした健康を維持するための行動が制限されるとストレスになります。ニワトリを飼う場合、砂浴びや日光浴ができる環境をきちんとつくってやってください。

砂浴びは体についたダニや汚れをとり、健康を維持する上で欠かせない行動。ニワトリ小屋の床は砂浴びができるようにしておこう

ニワトリが日光浴できるように、小屋は日の光が入るようにする。日陰を設け、風通しもよくしておくこと。一日2〜3時間の日光浴ができれば、薄暗いほうが落ち着いて産卵できる

地面をひっかいてエサ探し

ニワトリを庭に放すと、足で地面をひっかきまわしたり、くちばしでつついたりして、ミミズや土の中の小さな虫たちを探して食べます。一日のほとんどはそうしたエサ探しに費やされます。ときどき小さな石を飲み込むことがありますが、これは歯がないニワトリにとって必要な行動です。飲み込んだ小石は砂のうという器官にためられ、エサをすりつぶすために使われます。

ニワトリを庭に放すと、ほぼ一日中くちばしで地面をつついたり、足でひっかきまわしたりしている。小石や土をついばんでいる様子も見られる

オスは一日11～15回程度交尾する

オスとメスを群れで飼っていると交尾は毎日のように行われます。時間帯は夕方が最も盛んで、一日の交尾回数はオス1羽あたり11～15回程度といわれています。

交尾をするときは、オスが羽ばたきをしながらメスに接近し、メスは拒否をしなければ、その場にうずくまってオスを迎えます。メスの背中に乗ったオスは首のあたりをくちばしでくわえて交尾するので、メスの中には首の周りの毛が抜けてしまうものもいます。交尾の時間は数秒です。複数のオスがいる場合、順位の高いものが優先的に交尾を行い、順位の低いオスにはメスが拒否することもあります。

多くの動物には一年の中で決まった繁殖期がありますが、ニワトリは季節によらず繁殖行動をします。

オスとメスを飼えば交尾をして有精卵を産む。繁殖期は特になく、交尾をする様子は一年中見られる。一日のうちでは夕方に多い

「コケコッコー」という大きな鳴き声はニワトリの代名詞だが、最近は住宅事情などからこの声が懸念されることも少なくない

鳴き声で縄張りや順位の優位性を示す

「コケコッコー」という大きな声で鳴くのはオスだけです。早朝3時頃から鳴き始め、日中も2時間おきくらいに鳴きます。夕方暗くなると眠りますが、何か物音がしたりするとそれに反応して鳴くこともあります。明け方の声は縄張りや群れの中の優位性を示すものだといわれ、複数のオスがいる場合、最も順位の高いものが最初に鳴くようです。

メスはオスほど大きな声では鳴きませんが、まったく鳴かないわけではありません。産卵の前などは「コケーッ、コケーッ」と落ち着きなく甲高い声をあげます。イヌやネコなど外敵の存在を感じたときも盛んに鳴き、多数のニワトリを飼っていると1羽の鳴き声に群れ全体が反応して大合唱がおきます。

近所に家がある場合、ニワトリを飼う上で最も気を使うのは鳴き声です。日中は生活音であまり気になりませんが、夜は屋内に入れるなどの対策をするといいでしょう。

ニワトリのエサ

手軽なエサは市販の配合飼料ですが、雑草やくず野菜、ミミズなど、自然のものは何でもよく食べます。

ニワトリのエサになるもの

ミミズ

ミミズは大好物。見つけるとニワトリ同士で取り合いになる

雑草

イネ科やマメ科、アブラナ科の雑草を好んで食べる。庭の除草にも大活躍

生ゴミ

野菜の皮や卵の殻、肉、魚など、家庭から出る生ゴミは、何でも食べる

何でも食べる雑食性 エサの消化には小石も必要

ニワトリは雑食性の生き物です。雑草やミミズ、昆虫など、自然にあるものはもちろん、野菜、果実、肉、魚、米など、人間が口にするようなものは何でもよく食べます。家庭で出る生ゴミもよいエサになります。

ニワトリを放し飼いにして観察すると、自然にあるもので何を好んで食べるのかがわかります。どこでも見られる雑草では、イネ科のメヒシバやマメ科のクローバーなどをよくついばみます。畑があればニワトリが真っ先に食べるのは、キャベツやハクサイなど、アブラナ科の葉物野菜です。イチゴやブルーベリーなどの果実も好みますが、ニワトリの目線より高い場所にあるものについてはあまり興味を示しません。ミミズや虫の幼虫は大好物です。ニワトリ同士で取り合いになります。バッタやカエルなども捕まえて食べることがあります。

放し飼いのニワトリは、地面を足でほじくりながら土をついばむことにも時間を費やします。それも木陰になって落ち葉が積もったような場所を特に好んでほじくります。これは土の中にいる虫やミミズを探しているのか

市販の配合飼料は輸入トウモロコシを中心につくられており、産卵がよくなるようにたんぱく質が比較的多く含まれている

くず米

穀物はエネルギーとして重要。近所の農家や農協に相談して入手する

果実

リンゴやブルーベリーなどを好む。カボチャやスイカなど実がなる野菜も好き

米ぬか

米ぬかは好んでよく食べる。近くにコイン精米機があれば簡単に入手できる

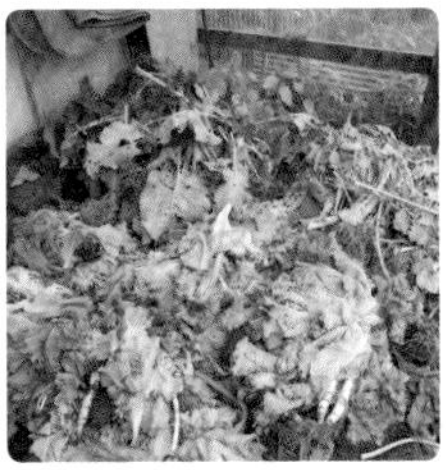

野菜の残渣

畑で野菜をつくっていれば、収穫後の野菜の残渣を積極的にやるとよい

も知れませんが、土と一緒に土着菌なども摂取しているようです。実際、落ち葉が発酵してできる腐葉土や生ゴミなどからつくる堆肥もついばむのです。自然養鶏農家ではくず米やおから、米ぬかなどを配合して発酵させた飼料をやっているところも多く、ニワトリにとって発酵菌は、健康を維持する上で欠かせない要素のようです。

また、ニワトリが土をついばむのは、体内に米粒ほどの小石を必要としているためでもあります。エサとしてではなく、食べたものを咀嚼するために使うのです。ニワトリは歯がありません。そのため、砂のう（筋胃）といわれる胃の一部に小石をためて、そこで筋肉の収縮運動により食べたものをすりつぶすのです。小石が不足すると食べたものをうまく消化できず、固形のまま排出したり、下痢をおこしたりします。砂のうの中の小石は摩耗すると、自然に排泄されます。小石の摂取はニワトリを放し飼いできる環境ならば問題ないのですが、ケージや床が土の地面ではない小屋で飼う場合は、小石の混じった土や砂を入れておくといいでしょう。

庭先養鶏で手軽に利用できる市販の配合飼料

豊かな自然の中でニワトリが暮らしていれば、先述したような自然のものをエサとし、そこから必要な栄養をとりますが、家庭で飼う場合は人間がエサをやらなくてはいけません。養鶏農家では、自家配合で飼料をつくっていますが、ペットショップやホームセンターで手に入る市販の配合飼料を利用する方法もあります。価格は、20kgで１０００～２０００円程度です。よく卵を産むメスのニワトリで一日１１０g程度食べますから（水分を含んだ自家発酵飼料の場合１２０～１５０g）、５羽飼う場合でも20kgあれば一カ月以上持ちます。

市販の配合飼料の主な材料はトウモロコシ、小麦、大豆、油カス、魚粉、貝殻などで、栄養成分がバランスよく配合されています。ただし、輸入された材料には、昨今、世界で問題になっている遺伝子組み換え作物や残留農薬の心配があることを覚えておいて下さい。

エサのやり方・つくり方

くず米や米ぬかなど入手可能な材料で、自家配合飼料をつくりましょう。緑餌やきれいな水も大切です。

簡単な自家配合飼料のつくり方

以下は、成鶏用飼料の基本的な配合比率（重量）。エサの量は乾燥した飼料で1羽につき一日110g程度。水分を含んだ発酵飼料で120~150g。5羽でどんぶり1杯程度を目安にするとよい

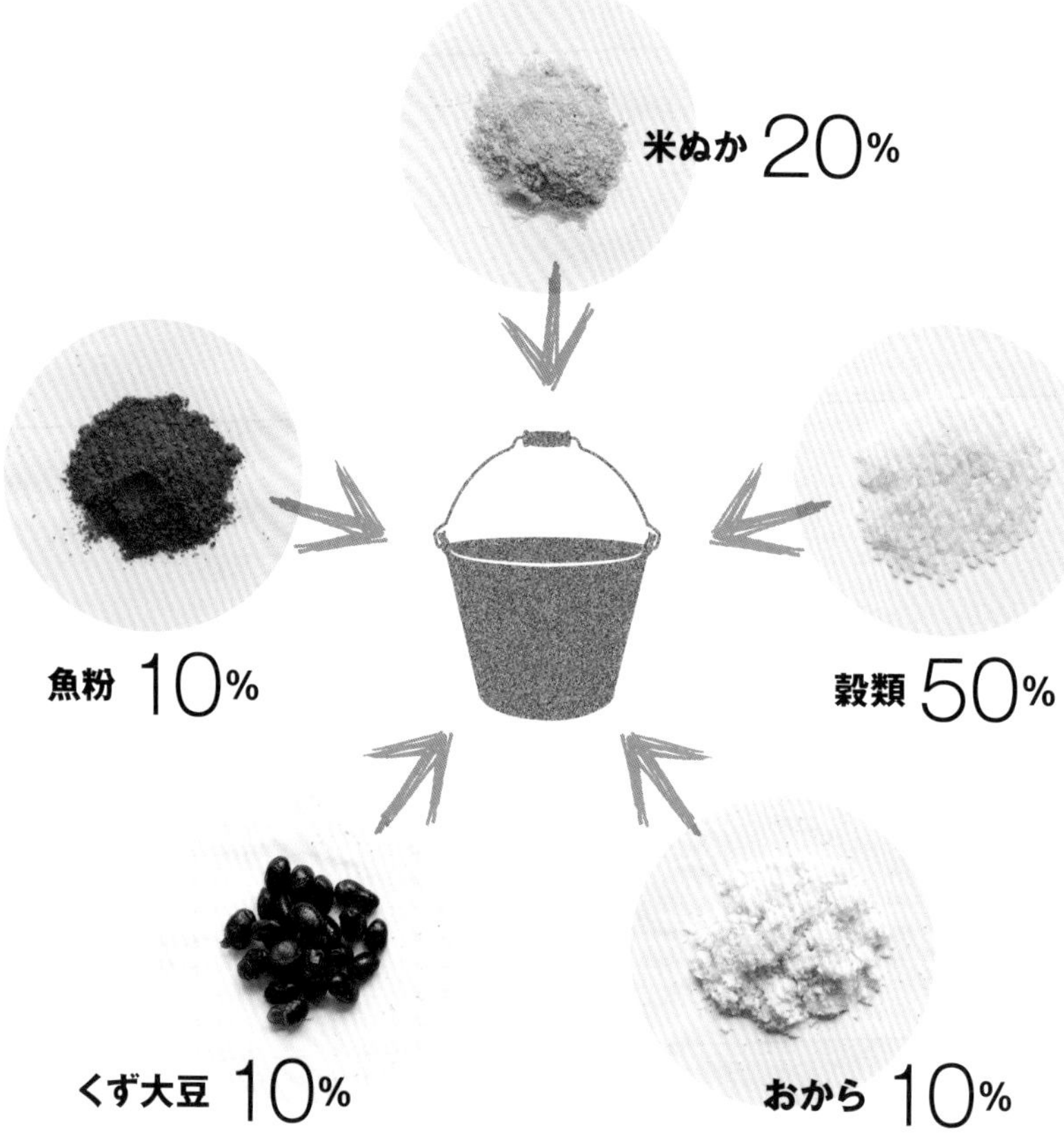

栄養成分を考えた簡単な自家配合飼料のつくり方

平飼いの自然養鶏をやっている多くの農家は、自家製の発酵飼料をつくっています。自給的な暮らしの中でニワトリを飼う場合も、自家製の配合飼料をやるのが理想です。ただし、発酵飼料はそれなりの量を仕込まなくてはうまく発酵しない上、あまり保存が利かないので少数羽の庭先養鶏には向いていません。そこで、材料を混ぜるだけで発酵させない自家配合飼料をつくるといいでしょう。これなら比較的保存が利きますし、市販の配合飼料を購入するより、ずっと安価につくれます。

　自家配合飼料は、ニワトリに必要な栄養素を考えて、単一飼料を混ぜ合わせてつくりま

す。最も多く必要とする要素はエネルギー源となる穀類です。市販の配合飼料では輸入トウモロコシやマイロというモロコシが多く使われますが、自家配合ではくず米やくず麦がおすすめです。入手先は近所の農家や農協などに相談するといいでしょう。配合比率の50％をこうした穀類にします。

卵をよく産ませるためにはたんぱく質も重要です。くず大豆や魚粉に多く含まれています。いずれも飼料店から入手できますが、くず大豆は農家から直接、手に入れることも可能です。なお、くず大豆は必ず一度加熱してから混ぜてください。配合比率でそれぞれ10％程度です（くず大豆は乾燥重量）。

カルシウムも重要。専用のエサ箱にカキ殻などを適量入れておき、いつでもニワトリが食べられるようにしておく。カルシウムが不足すると卵殻が薄くなったりする

米ぬかは粗脂肪や粗たんぱく質を多く含んでおり、エネルギーの調節と微量栄養素を補給します。10羽程度の配合飼料に使うくらいの量なら、コイン精米機で入手できます。ふすまが手に入れば、それも利用できます。配合比率は20％程度です。

近くに豆腐屋があればおからを譲ってもらって混ぜるのもいいでしょう。ただし、おからは水分を多く含むため発酵させるにはいいのですが、あまり保存が利きません。10％程度混ぜ、すぐに使いきるようにしてください。なお、冬はより多くのエネルギーを必要とするので、穀類を60％に、米ぬかを10％にします。

これらの飼料をそれぞれ記した配合比率で混ぜれば、ニワトリが必要とする栄養分は十分に満たしてくれます。

配合飼料のほかにも、できれば毎日、雑草やくず野菜などの緑餌をやるようにします。卵殻の主成分になるカルシウムも重要です。ニワトリがいつでもついばめるエサ箱に、カキ殻を適当に入れておき、自由に食べさせるといいでしょう。

配合飼料と併せて、雑草やくず野菜などの緑餌も毎日やるとよい。ニワトリ小屋の床にばらまけば自由に食べる。午前中に配合飼料をやり、夕方に緑餌をやるとよい

エサは基本的には午前中にやります。前日の食べ残しなどを観察して、食べきれる量をやるのがよいのですが、やりすぎたからといって食べすぎることはありません。飼っているニワトリがみんなで食べられるようにやってください。

水は常に切らさないように朝夕、必ずチェックします。水道水でもかまいませんが、理想はわき水、雨水、井戸水などの自然の水です。卵の約7割は水分です。ニワトリにとってきれいな水はとても重要です。

ニワトリ小屋の環境

小屋はなるべく広くつくり、密飼いは避けます。風通しをよくし、外敵対策も万全に。

湿気の少ない場所で雨露、外敵を防ぐ工夫を

ニワトリを飼うためには、まず小屋を用意しなくてはいけません。広さは畳1枚で2〜3羽が理想的で、多くても5羽までにしてください。10羽なら1坪以上の広さが必要です。なるべく広々とした環境のほうがニワトリたちも小屋の中をのびのびと歩き回れます。密飼いをすると、ストレスがたまり、ほかのニワトリの毛をむしる（毛ぐい）などのトラブルが出やすくなりますし、ニワトリが増えたときのことを考えると、小屋の広さはなるべく余裕をもたせたほうが安心です。

家庭でニワトリを飼っている人の多くは、自分で小屋を建てています。ホームセンターで手に入る安価な木材を使った簡単な構造でかまいません。材料の切断や接合は電動工具があれば楽ですが、畳1枚程度の広さならノコギリやカナヅチなどの手道具でも、それほど手間をかけずにつくることができます。間伐材や建築廃材などを入手して利用できれば材料費も抑えられます。

気をつけたいのは小屋の場所です。ニワトリは湿気を嫌うので、雨が降っても水たまりができない場所を選んでください。小屋の周りに溝を掘って雨水の浸入を防ぐのもよい方法です。庭の広さが限られるようなら、家の軒下などを利用するのもいいでしょう。

屋根は片流れにしてトタン波板を葺くのが最も簡単です。軒を長く伸ばすなどして、夏の強い日差しや雨の吹き込みを防ぐ工夫をしてください。日当たりは必要ですが、ニワトリは夏の暑さが苦手なので、直射日光で小屋の中が暑くなりすぎるのはいけません。

小屋は風通しをよくするために金網などを利用して壁にします。網目の大きさはスズメやヘビ、ネズミが入れない程度。ただし、あまり網目を小さくするとほこりが付着しやすくなるので、風通しが悪くならないように定期的にほこりを払いましょう。金網はすき間ができないように張ってください。

小屋の下部40cmほどは板張りやトタンにします。理由はイタチやキツネ、ネコなどの外敵にニワトリの存在をわかりにくくするためです。イタチなどの外敵は地面を掘って小屋に侵入することがあるので、小屋の周りはブロックや丸太などを深さ30cm程度埋めておくと安心です。

床は乾いた土の地面が基本です。もみ殻や落ち葉、刈り取った雑草などを敷いておきま

小屋を建てる場所

小屋の広さの目安

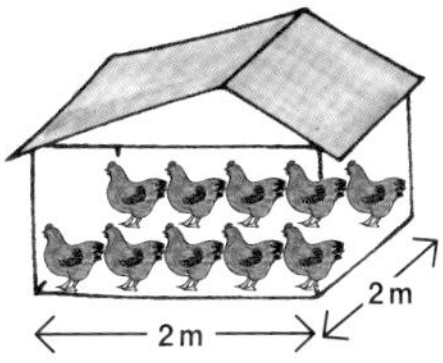

ニワトリ小屋に必要なもの

産卵箱

小屋の隅に設置する。幅、高さ、奥行きは30〜40cmくらいあればよい。薄暗い環境をつくる

止まり木

ニワトリは止まり木に止まって寝る習性がある。ニワトリの足でつかめる太さの丸い棒がよい。棚のようにつくってもよい

エサ箱

すべてのニワトリが一斉にエサを食べられる大きさでつくり、ひっくり返されないように設置する

水入れ

水入れは暑い日でも水が切れないように大きめのほうがよい。ひっくり返されないように設置する

す。ニワトリがフンをして、足でひっかきまわすと、床の有機物が撹拌されて、微生物が活発に活動し、発酵床がつくられます。床が発酵することで、フンの臭いも抑えられます。床の土は半年から1年に1回程度入れ替えて、清潔な環境を保ちましょう。

　エサ箱や水入れは市販の自動給餌器や給水器などもありますが、空き缶や木箱、バケツでもかまいません。小屋の壁に取りつけるなどして、ニワトリにひっくり返されたり、水を汚されたりしないように置きます。

　卵を産ませるため産卵箱も設置します。ニワトリは狭くて暗い場所に隠れて産卵する性質があります。産卵箱の寸法は幅、高さ、奥行き各30〜40cmくらいがよいでしょう。中にはもみ殻や細かく刻んだわらなどを入れて卵が割れないようにしてください。扉をつけて小屋の外から卵を取れるようにすると便利です。

　止まり木は地面から最低30cmくらいの高さがあれば十分です。ニワトリが飛び乗れる高さなら、もっと高くてもかまいません。飼っているニワトリが、みんな並んで止まれるようにつくってください。

飼育ごよみとニワトリの一生

卵からかえったヒナが成鶏になって卵を産み始め、その一生を閉じるまで10～15年。季節に合った飼い方で健康的に育てよう。

翌年9月		翌々年1月	2月	3月	4月			
							7～8年	10～15年
換羽。羽が生え換わり産卵が止まる	～	産卵再開。産卵率65～70%		繁殖適期		～	産卵停止	寿命
2000g								

約150日で産卵がスタート 平均寿命は約10年

ニワトリの卵は、親鶏が温め始めてから21日目にふ化します。ヒナが自分の力で殻を割って出てきます。ふ化したばかりのヒナは濡れた羽毛に包まれており、この時点ですでに目が見えています。ふ化して30分くらいで羽毛が乾いて、立ち上がります。

ヒナは消化器官が発達していないため、すぐにはエサを食べません。体内の卵黄を栄養源にします。ふ化後48～50時間で卵黄は大部分が消化吸収されるので、そこで初めてエサを食べ始めます。卵黄を栄養にしている間はエサや水をやる必要がないため、養鶏場などに多数のヒナを輸送するときは、この産まれたばかりのタイミングで行います。

一般的な卵用鶏で、産まれたばかりのヒナの体重は40g程度です。ヒナは成長に合わせて、ふ化後30日までは幼ビナ、60日までは中ビナ、それ以降は大ビナと呼ばれ、養鶏場ではそれぞれエサの配合を変えるなど、異なる管理下において飼育します。

ニワトリは非常に成長が早い生き物です。産まれてから1カ月で体重は10倍近くに増え、70日後には約８００ｇにもなります。大ビナになると見た目はもう立派なニワトリですが、鳴き声は幼ビナの頃と変わらずピヨピヨとかわいらしく鳴きます。体重は１２０～１３０日で１３００ｇ前後です。

産卵はふ化後１５０日前後で始まります。卵用鶏であれば、最初の頃は2～3日に1個くらいのペースですが、間もなく毎日のように卵を産むようになります。

飼育ごよみ

月日	4月	5月	6月	7月	8月	9月	10月	～
ふ化後の日数（ヒナの区分）	～30日（幼ビナ）	～60日(中ビナ)	～150日（大ビナ）			151日～（成鶏）	210日	
発育段階	親鶏が卵を温め始めてから21日目にふ化。体温調節機能が不十分なので給温が必要	羽がほぼ生えそろい、骨格や筋肉が発達	成羽に生え換わり、性成熟が進む			産卵開始	産卵のピーク（養鶏場の卵用鶏の場合、産卵率90%以上）	徐々に産卵率が落ちて行く
体重	40g　300g	700g			1600g		1800g	

養鶏場の卵用鶏の場合、だいたい210日前後で産卵のピークを迎え、以降、徐々に産卵個数が少なくなってくるため、エサ代などの飼育コストを考えた経済効率上、通常は2年程度で廃鶏として処分されます。ただ、家庭で飼う場合はそれほど高い産卵数を求める必要はありません。実際に産卵が停止するのは7～8年です。

ニワトリの産卵は日長と深い関係があります。2歳以上のニワトリは、日が短くなる秋から冬にかけて、換羽といって羽が生え換わる時期になり、この間は卵を産みません。春になって、少しずつ日が長くなるとまた産卵するようになります。

寿命は平均10年程度といわれていますが、大切に飼えば15年くらい生きます。

ニワトリを飼い始めるのは春がいい 飼育環境は季節に合わせて

ニワトリを飼い始める時期は、日ごとに暖かくなっていく春、3月～5月頃がいいでしょう。ヒナから飼い始める場合はなおさらです。ニワトリはほかの多くの動物たちと違い、繁殖期があるわけではありませんが、自然の生態に従えば、やはり春は繁殖に最も適した季節です。特にヒナは保温が必要なので、気温が低い冬の飼育は難しくなってきます。秋までには成鶏に育つように、時期を逆算して飼い始めてください。

春～秋にかけては、ニワトリのエサとなる草が茂り、小さな虫やミミズなども活発に活動します。放し飼いができる環境ならニワトリたちは庭を自由に走り回って足で地面をひっかいたり、くちばしでつついたりして、自然の植物や生き物を食べます。

ニワトリは暑さが苦手なので、夏はよく木陰で砂浴びをして、日中そのままじっとしていることが多いです。小屋に日陰ができないような環境でしたら、すだれやよしずなどを利用して日陰をつくってやるとニワトリも快適に過ごせます。

冬は鳥インフルエンザが流行しやすい時期なので、放し飼いは控えます。ニワトリは寒さには比較的強い生き物ですが、寒冷地では小屋の周りを板や寒冷紗で覆うなど、冷たい北風や雪の侵入を防ぐなどの寒さ対策はしたほうがいいでしょう。

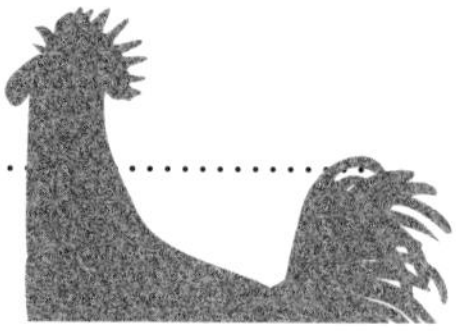

ニワトリの一日と毎日の作業

ニワトリは、あまり手間をかけずに飼えるのがいいところ。毎日エサと水をきちんとやりましょう。

エサやりは午前中、早めに卵の回収も毎日、忘れず行おう

ニワトリはとても早起きです。朝は、日の出前の午前3時頃にオスが「コケコッコー」と遠くまでよく響く大きな声で鳴きます。まだ、時計が普及する以前は時をつくる鳥として、大切にされてきました。一番鶏が丑の刻（午前2時頃）、二番鶏が寅の刻（午前4時頃）を告げるといわれ、それを聞いて人は目を覚ましていたそうです。メスは大きな声では鳴きませんが、空が明るくなる頃には動き始め、お腹が空いてエサを欲しがっているときなどはコッコ、コッコと小さな声で鳴きます。

朝は、まずエサをやりましょう。時間は何時でもかまいませんが、ニワトリもお腹をすかせているので、早くやったほうが喜びます。自分が朝食を食べる前とか、あととか、ある程度決めて習慣にしておくと忘れません。エサと一緒に水の確認も忘れないでください。水はいつも切らさないようにして、必ず容器に十分な量を入れておきます。汚れた水はニワトリの健康によくないので、毎日、新しい水に替えてください。

エサを食べ終わると、だいたい午前中のうちにメスは産卵箱に入って卵を産みます。産卵が確認できたらなるべく早く卵を回収したほうがいいのですが、たくさんのニワトリを飼っているとそういうわけにもいきません。午後にはほぼすべてのニワトリが産卵を終えるので、それからまとめて回収してもいいでしょう。卵をそのまま産卵箱に置いておくと、就巣性の強いニワトリは温め始めたり、中には卵を食べてしまうニワトリもいたりするので気をつけてください。もしも、そういうニワトリがいたら、別飼いするなど対策をとるようにします。

庭に放し飼いできる環境なら、日中は小屋から出してやるのもいいでしょう。ニワトリたちは砂浴びをしたり、地面をほじくってエサを探したりしながら自由に過ごします。

エサは一日1回でもかまいませんが、夕方にくず野菜や雑草などの緑餌をやると喜びます。水も少なくなっていたら新しくしてやります。放し飼いにすれば、庭の草や虫を勝手に食べるので、それが夕食になります。また、オスがいれば夕方に交尾活動をすることが多いです。

放し飼いにしていたニワトリは、暗くなる前に自分で小屋に戻ってきて、止まり木に止まって寝る準備をします。すべてのニワトリが戻ってきていることを確認したら、夜、外敵などに襲われないようにしっかりとドアをしめてください。

ニワトリの一日

日の出前から日没まで、
ニワトリは一日中、活発に行動します。
世話の基本はエサやりと卵の回収です。

止まり木に止まって
睡眠

午前3時頃に
オスが鳴く

空が明るくなると
活動を始める

エサと水をやり、
ニワトリの様子を
観察する

メスは午前中に
産卵する

昼頃には
産卵が終わる

庭に放すと砂浴びをしたり、
日陰で休んだり、
地面を掘ってエサを探したりしながら
自由に過ごす

夕食として
緑餌をやる。
水が汚れていたら
交換する

放し飼いにした
ニワトリは
小屋に戻ってくる

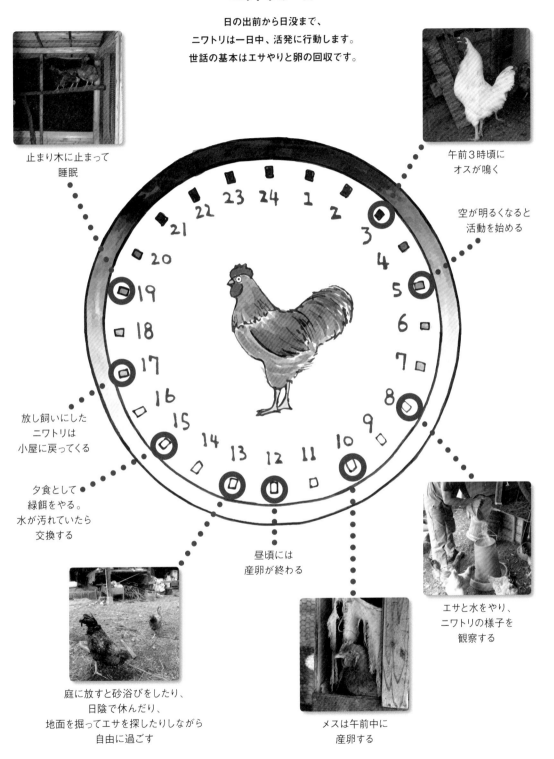

ヒナをかえしてみよう

ヒナをかえすには、親鶏に抱かせる母鶏ふ化とふ卵器を使って人が行う人工ふ化があります。卵を温め始めてから21日でヒナがかえります。

就巣性のあるニワトリで親鶏に卵を抱かせる母鶏ふ化

卵からヒナをかえすのは、ニワトリを飼う楽しみのひとつです。オスとメスを飼えば、有精卵を産むので、それを温めればヒナをかえせます。

メス20羽に対して、オス1羽で約80%が有精卵になります。オスとメスが交尾をするとその3日目頃から有精卵になり、1回の受精で約10日間有精卵が産卵されます。

複数のニワトリを飼えば、交尾は自然に行われますが、よいヒナをかえすためには親鶏を選ぶことも大切です。種卵をとる時期に、体格や性格、産卵性など、交配させるのに理想的なニワトリを別飼いするといいでしょう。ヒナを育てるのは春がいいので、種卵をとるのもその頃にします。自然界でも春は繁殖の季節です。

親鶏が産卵したら種卵は形のきれいなものを選んで取り上げ、温度15~20℃、湿度40~70%の場所に保存します。冷蔵庫には入れないでください。温度が低すぎます。また卵を洗うのもよくありません。保存期間はできれば1週間以内とします。卵を取ると親鶏は卵を産み続けるので、その間にふ化させるのに必要な個数を集めます。

ヒナをふ化させるには、親鶏に抱かせる母鶏ふ化とふ卵器を使う方法があります。親鶏に抱かせる場合は、そのニワトリに就巣性がなくてはいけませんが、家禽の長い歴史の中で品種改良された現在の多くのニワトリは、就巣性を失っているものが少なくありません。家庭でよく飼われているニワトリで強い就巣性をもつものとしては、チャボ、ウコッケイ、名古屋種などが挙げられます。親鶏がほかのニワトリに邪魔されないように抱卵小屋をつくってやり、集めた卵を巣に置いてやれば、就巣性のあるニワトリは卵を温め始めます。

巣についた親鶏は一日1回くらい食事と排

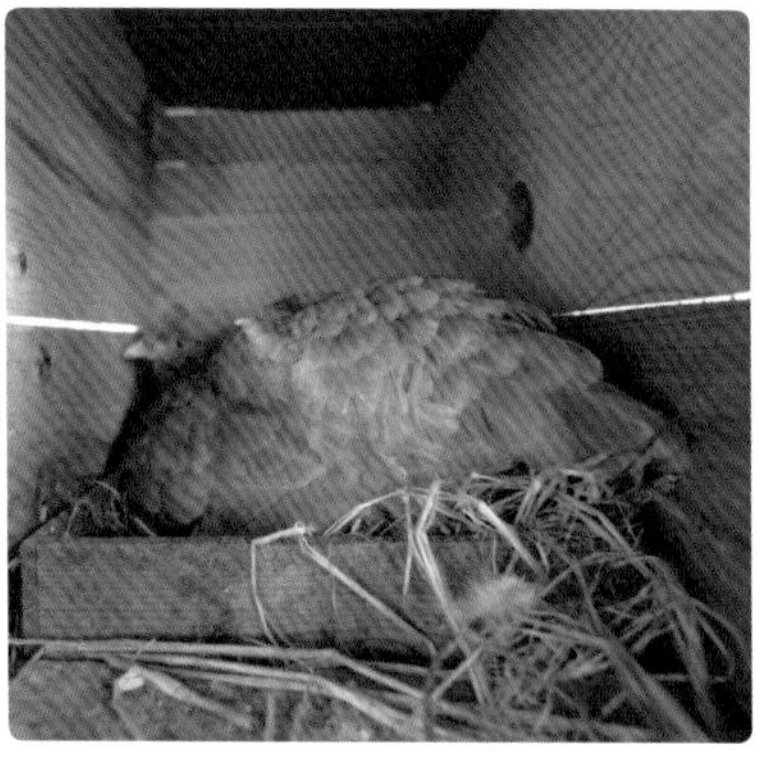

周りを板で囲んだ薄暗い抱卵小屋で卵を温め始めた親鶏。こうして巣につくとエサもあまり食べず、ほとんど動かなくなる

泄に巣を離れるくらいで、ほとんど動かずに卵を温め続けます。

抱卵小屋は薄暗くし、エサと水を置いておきます。床には藁やもみ殻を敷き、卵が転がり出ないようにします。親鶏が卵を温め始めてから21日目にヒナがかえります。

抱卵小屋

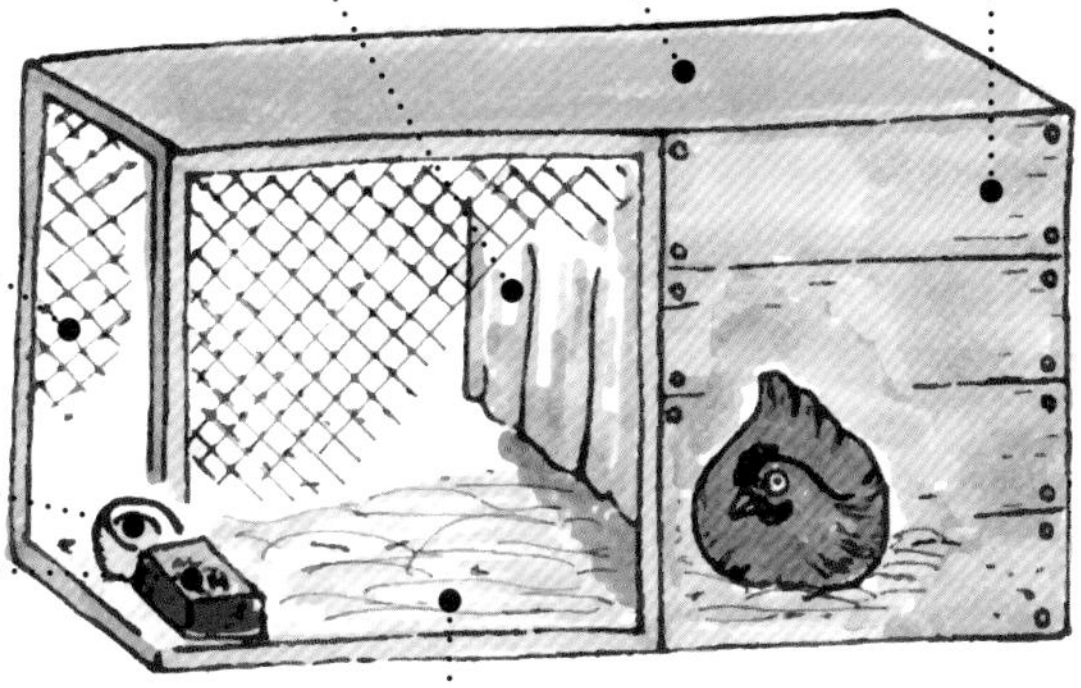

2回の検卵で発育を確認しよう

ふ卵器は5～20個くらいの卵が入る家庭用のものがいろいろ市販されています。小型でも2～5万円くらいする高価なものですが、就巣性をもたないニワトリのヒナをふ化させる場合は必需品です。

ふ卵器は自作することもできます。種卵を37～38℃、湿度60～70%で保てるような箱をつくればよいのです。熱源はヒヨコ電球を利用し、サーモスタットで温度を一定に保ちます。また適度な湿度を得るために箱の中には

検卵の方法

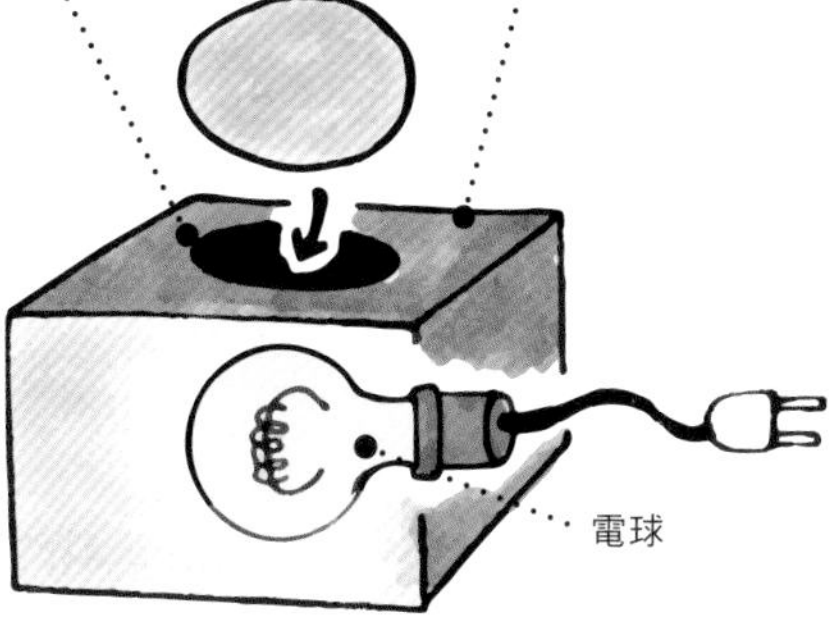

検卵したときの卵の状態

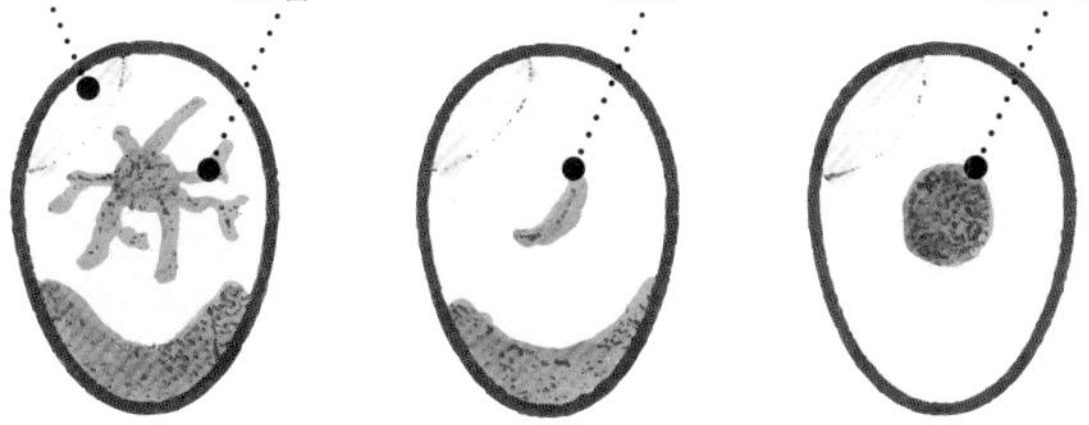

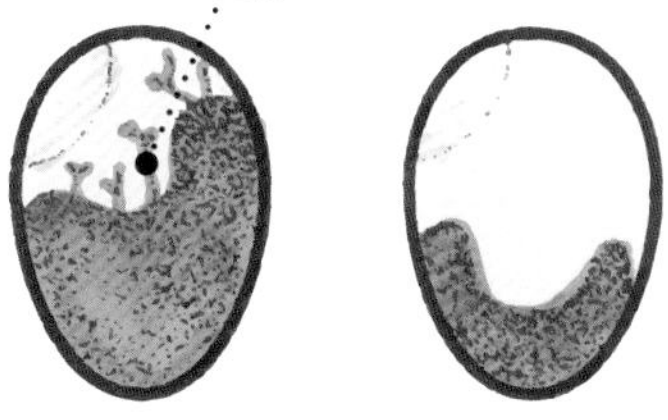

簡易ふ卵器

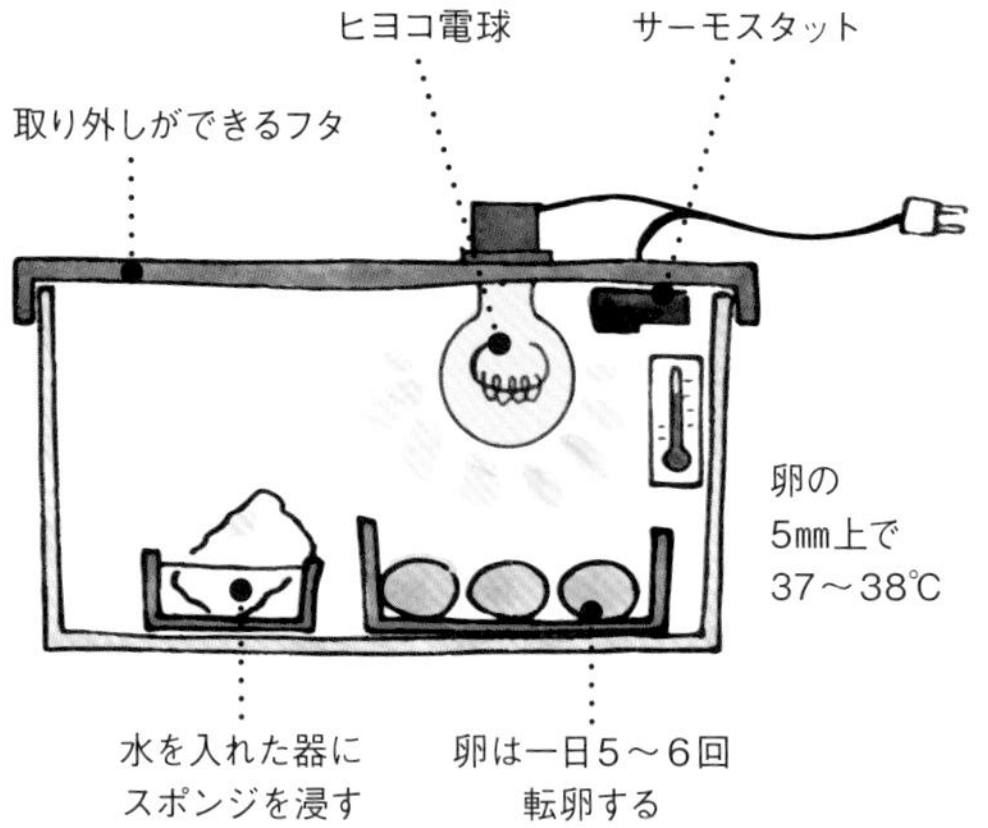

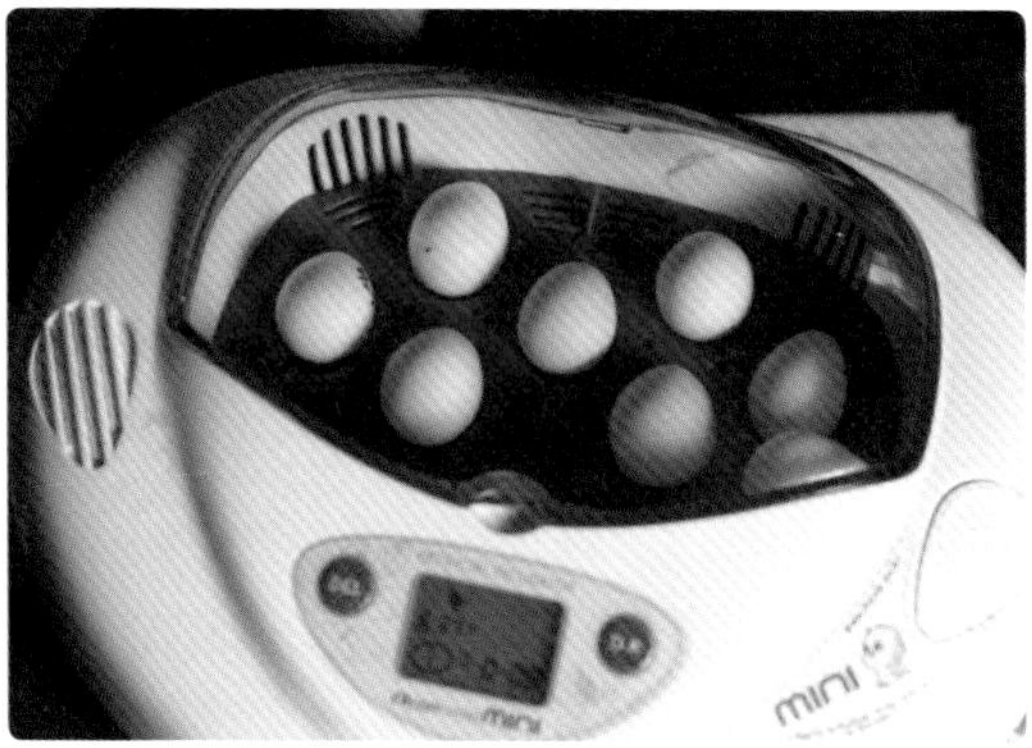
家庭用の小型ふ卵器。温度と湿度を一定に保ち、手間のかかる転卵もやってくれる。ニワトリの卵だけではなく、ウズラやインコなどいろいろな鳥類の卵に利用可能

ヒナがかえるまで

1日目	37～38℃で温めると細胞分裂が始まる
2日目	心臓が発生し、動き始める
3日目	各臓器が充実してくる。死亡しやすい時期
4日目	血管が著しく発達する
5日目	体は10㎜以上になり、全体に血管が張りめぐらされる。1回目の検卵を行う
6日目	
7日目	
8日目	大きな目と、くちばし、四肢が発達し、ヒヨコらしくなってくる
9日目	
10日目	
11日目	体は40㎜以上になり、羽毛が発生する
12日目	
13日目	
14日目	体は50～60㎜。全体が羽毛に覆われる
15日目	
16日目	
17日目	卵黄が体の中に吸収されていく。2回目の検卵を行う
18日目	ふ化直前のため、転卵はやめる
19日目	卵黄がほとんど体の中に吸収される
20日目	くちばしで殻に穴を開ける嘴打ちが始まる
21日目	くちばしで殻を破ってヒナがかえる

水を入れた容器を置いてスポンジなどを浸しておきます。ちょっと手間がかかるのは転卵です。18日目まで4～5時間おきに1日5～6回卵の傾きが逆になるように位置を替えなくてはいけません。母鶏ふ化の場合は、親鶏が足で上手に転卵します。

母鶏ふ化でも、ふ卵器を使う場合でも、卵を温め始めてから5～7日目と17～18日目にきちんと発育しているか確かめるための検卵を行います。暗い部屋で卵に電球の光を当てて内部の様子を確認するのです。検卵したときの卵の状態はP83のイラストを参考にしてください。正常に発育していれば、5～7日目には胚から血管が広がっているのが観察できます。発育中止卵や無精卵があれば取り除きます。母鶏ふ化の場合、親鶏の中には自分で無精卵をはじき出すものもいます。17～18日目にもう一度検卵し、その後は転卵を中止します。

ふ化が始まったら慌てて取り出そうとせず、ヒナが自力で殻を割って出てくるのを見守ってください。ふ卵器でふ化したヒナは温度を約36℃にした育すう箱に移します。

ヒナを育てよう

ふ化したばかりのヒナは体温調節がうまくできないために保温が必要です。育すう箱を用意して育てましょう。

育すう箱は通気性と保温を考えてつくる

ヒナを育てることを育すうといいます。育すうの方法はふたつあり、ひとつは親鶏に育てさせる母鶏育すう、もうひとつは人間が育てる方法です。

親鶏に卵を抱かせて母鶏ふ化させたヒナの場合は、そのまま抱卵小屋でしばらく親鶏と一緒に育てます。ふ化したばかりのヒナは体温を調節することがうまくできませんが、母鶏育すうの場合、ヒナは寒ければ親鶏のお腹にもぐり込んでいくので、小屋の保温は特に必要ありません。エサ箱にはヒナ用のエサを入れておきます。餌づけについては親鶏が面倒をみてくれるので、人間は何もしなくて大丈夫です。こうして親鶏に育てられたヒナは、小屋にいるほかのニワトリにいじめられることも少ないので安心です。1羽の親鶏でだいたい15～20羽のヒナを育てることができます。

子育て経験のある親鶏を抱卵小屋に入れて卵を抱かせ、巣についたところを見計らって、ふ卵器でかえったヒナを夜の間に卵と入れ替えて、その親鶏（仮親）に育てさせる方法もあります。

一方、ペットショップなどから入手したヒナや、親鶏に就巣性がなくふ卵器でかえしたヒナは、人間が親鶏の代わりになって育てなければなりません。その場合、育すう箱を用意します。10羽くらいのヒナなら、育すう箱は床面40×70㎝、高さ40㎝くらいの大きさがあれば十分です。大きさは飼育するヒナの数に合わせます。狭すぎるのはいけませんが、広すぎても保温がうまくできません。

育すう箱は板材で簡単な箱をつくってください。天井には金網を張って通気性を確保し、いつでもヒナの様子を見られるようにします。ヒナが寒そうにしているときは、金網の上に板などをおいて箱の中の熱が逃げないようにするなど温度調節します。ビニールは通気性を損なうので避けます。保温に気を使う

名古屋種のヒナ。育すう箱の床にはおがくずが敷いてある。ふ化したばかりのヒナは体温調節がうまくできないので保温が必要

あまり、換気を怠るとかえって病気にかかりやすくなります。

　保温にはヒヨコ電球を使います。育すう箱の天井や壁に設置し、箱の中の温度が33〜35℃くらいになるようにします。箱の中心に布を垂らすなどすれば熱が逃げにくくなりますし、暑いときはヒナが布の外に出て涼むことができます。数十羽のヒナを一度に育てる場合はコタツを利用するのもいい方法です。床には藁やもみ殻を敷き、フンがたまらないように定期的に掃除してください。新聞紙を敷いて毎日取り替えるなどしてもよいです。

2〜3週間かけてゆっくりと自然の気温にならしていく

　ふ化したばかりのヒナは、1〜2日は体の中に残っている卵黄を栄養にします。卵黄は50時間ほどで消化されるので、餌づけはその後に行います。

　エサは、細かく刻んだ緑餌やくず米、ミミズなどを皿状の器に入れてやりましょう。市販のヒナ用飼料もあります。自家配合飼料をやる場合、ふ化後30日までは

日齢ごとの飼育ポイント

	飼育のポイント	エサ
1日〜2週間目	生まれたばかりのヒナは体温調節が上手にできないため保温が必要。育すう箱の中を33〜35℃にする。 3日目から育すう箱の室温をちょっとずつ下げていき、自然の温度にならしていく。 気温の低い時期は寒さに注意。 下痢などをしていないか、フンの状態をよく観察する。 水入れに落ちたり、体が濡れたりしないように注意する。 ヒナに発生しやすい病気、鶏コクシジウム症の予防として水に1〜2%の酢を混ぜるとよい。	2日目からエサと水をやる。細かく刻んだ緑餌、ゆで卵の黄身、くず米、ミミズ、砕いた煮干しなどをエサ箱に入れてやる。たんぱく質を比較的多めにするとよい。エサは市販の餌づけ用飼料でもよい。
2〜3週間目	ヘビやネコ、イタチなどの外敵に注意する。引き続き保温しながら自然の気温にならしていく。	緑餌、くず米はそのままやる。日齢に合ったヒナ用の配合飼料でもよい。自家配合飼料の場合は、たんぱく質を多めにする。
3〜4週間目	育すう箱から大きな小屋やケージに移す。成鶏がいる小屋に入れるといじめられることがあるので、その場合は小屋の中を金網などで仕切り、しばらくなれさせてから一緒にするとよい。	エサは成鶏と同じものをやるか、少したんぱく質を多めにする。日齢にあった配合飼料をやる。
3カ月目以降	体に合った大きさの小屋に入れる。	大ビナといわれる時期で食欲が旺盛になるので、不足しないようにしっかりとエサをやる。

ヒナは発育段階によって、ふ化後30日までを幼ビナ、60日までを中ビナ、産卵が始まるまでを大ビナとよぶ。写真はふ化後70日ほどのボリスブラウン

魚粉を15%くらいにして、たんぱく質をやや多めにします。水は深い器だとヒナが落ちて溺れる危険があるので、専用の給水器を利用するか、浅い器を使います。

育すう箱の温度は毎日ちょっとずつ下げていき、2～3週間で自然の気温と同じくらいになるようにします。ヒナが熱源の近くに集まってピーピー鳴くようだと寒すぎるし、熱源から遠ざかって羽を広げ、苦しそうに口を開けているようなら暑すぎます。気候とヒナの様子を観察しながら温度調節してください。

ふ化から30日で中ビナと呼ばれ、羽もほぼ生えそろい、体重は300gほどになります。エサはもう成鶏と同じもので大丈夫です。食欲が旺盛になるので、不足しないようにたっぷりやってください。飼う場所も広い小屋に移しましょう。ただし、成鶏がいる小屋に移すといじめられやすいので、別の小屋を用意したほうが安心です。

育すう箱

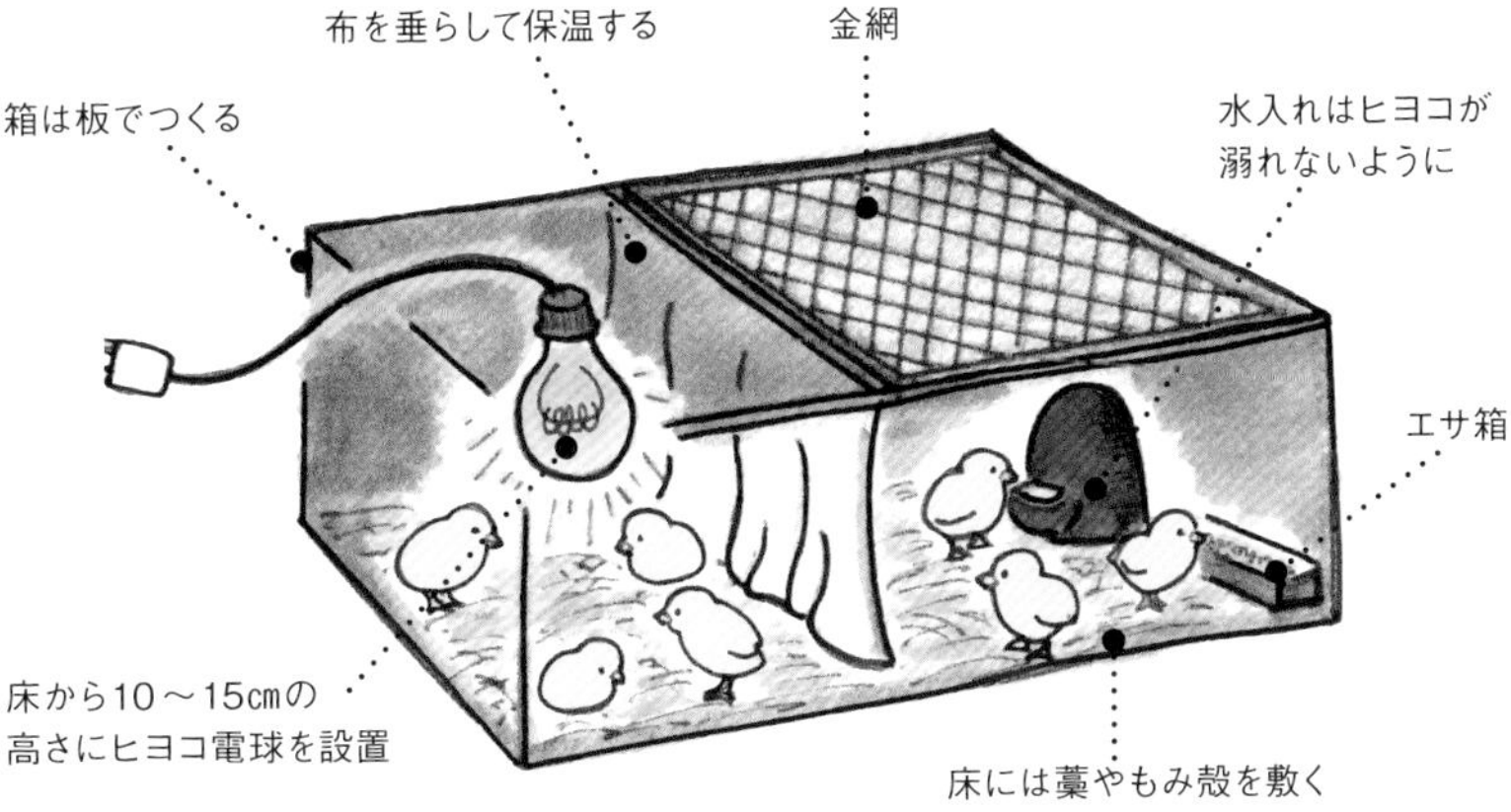

ヒナの様子

寒いとき

固まってピーピー鳴く

暑いとき

羽を広げてハァ、ハァと暑がる

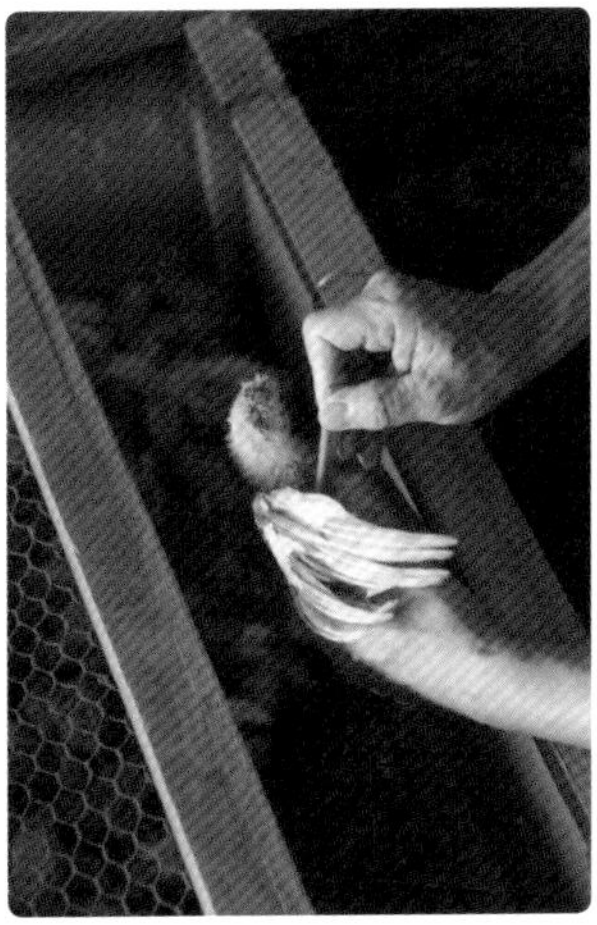

養鶏農家では、成長に合わせて病気を予防するためのワクチンを接種する。家庭で少数羽を飼う場合は、神経質になる必要はないが、気になる人は獣医に相談しよう

鶏フンの利用

畑で野菜を栽培している人にとって、鶏フンはとてもよい肥料になります。小屋の床ごと発酵させて使いましょう。

作物に必要な肥料分をバランスよく含む鶏フン

循環型の有機農業を営む農家にとって、昔からニワトリは暮らしに欠かせない生き物です。鶏フンが野菜のとてもいい肥料になるからです。

作物の生育には、自然から吸収できる酸素や炭素なども含めて、17種類の必須要素がありますが、中でも肥料の三要素といわれる窒素、リン酸、カリは特に重要です。鶏フンはこの3つの成分をバランスよく含んでいます。成分量はエサなどによっても異なるため一様ではありませんが、一般に市販されている乾燥鶏フンの場合、窒素3・0％、リン酸4・5％、カリ2・5％くらいです。採卵用のニワトリは石灰分も比較的多く含みます。参考までに牛フン（水分60％）は窒素0・8％、リン酸0・9％、カリ0・8％、豚プン（水分60％）は窒素1・2％、リン酸2・1％、カリ0・7％です。家畜・家禽フンの中でも鶏フンは扱いやすい上、とても高い肥料成分を有しているのです。

ニワトリは一日、約140gのフンをします。1回にするフンの大きさは大人の親指先ほどで、全体に黒っぽい色をしていますが、よく見ると一部に白くなったところがあります。これはおしっこです。ニワトリは哺乳類のような尿道はなく、フンとおしっこを総排泄腔というところからまとめて排泄します。そのおしっこも含めてフンの約75％は水分です。水分が抜けたフンの重さは30～35gほどですから、一年で1羽のニワトリから約12kgの鶏フンを得られる計算になります。

発酵鶏フンの肥料分だけで育った真っ赤なトマト。ニワトリを飼えば循環型の自給的暮らしを実現できる

鶏フンを肥料として利用する場合は、事前に乾燥または発酵させます。ただし、乾燥させただけの鶏フンは水分を吸うと悪臭を放ち、使用も元肥に限られますので、できれば発酵させた方がいいでしょう。

ニワトリ小屋の床に藁やもみ殻、落ち葉などを15～20㎝ほどの厚さで敷いておけば、ニワトリはそこでフンをし、足でひっかきまわすので自然に発酵が進みます。乾燥しすぎる場合は、水をまくと発酵が促進されます。雑草やくず野菜などの緑餌、生ゴミなども床にばらまいてかまいません。ニワトリが食べ残したものがフンと混じって肥料になります。発酵が進んだ床は半年~1年もすれば取り出して肥料として使えます。

取り出した鶏フンをすぐに使用しない場合は、畑の隅などに積み上げておいてもかまいません。たまに水をかけて適度な湿りけをもたせ、2週間に1回くらい切り返すと発酵が進みます。

発酵鶏フンは、元肥として使う場合、作づけの2週間ほど前に畑に施して土にすき込みます。乾燥鶏フンの場合は1カ月前です。追肥に使う場合は、作物の根が伸びていく先に穴を掘って施します。発酵が未熟な鶏フンを使うと作物の生育に影響が出るので注意しましょう。

さまざまな有機物が鶏フンと混じった床。歩くとふかふかした感触が足に伝わり、手で触れると発酵しているためじんわりと温かい。取り出してこのまま肥料として使える

発酵鶏フンは元肥にも、追肥にも使える。元肥に使う場合は植えつけの2週間前に施肥。有機質肥料としては比較的即効性があるのが特徴。成分が多いのでやりすぎないように注意する

畑で利用する「チキントラクター」

チキントラクターとは、床のない持ち運びができる小型のニワトリ小屋で、畑に置いて利用します。この中にニワトリを入れておくと、雑草を食べてくれ、地面を足でひっかきまわすことで、畑が耕されます。ニワトリがしたフンはそのまま肥料になります。

写真のチキントラクターは床面が約90×65㎝、高さ約70㎝の三角形をした1羽用です。半分を金網にして通気性を確保し、板張りの薄暗いところで産卵をします。1～2日で草がすっかりなくなるので、そうしたら場所を移動します。外敵のことを考え、夜は安全なニワトリ小屋に戻します。

三角屋根のチキントラクター。雑草は1～2日できれいになくなる

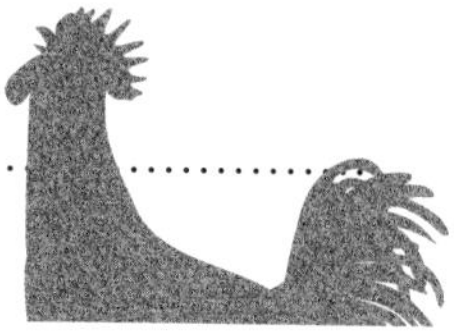

ニワトリの病気とその対処法

飼育環境が悪いとニワトリも病気になります。日常的にニワトリの様子を観察し、何か異常があれば獣医師や家畜保健衛生所に相談しましょう。

フンを見ればニワトリの健康状態がよくわかる

ニワトリは比較的丈夫な生き物といわれますが、ほかの動物と同じように、飼育環境がよくなかったり、きちんと世話をしなかったりすると、体調を崩して病気になります。密飼いを避け、地面が乾いた風通しのよい場所で飼うことは、ニワトリを健康に育てる上でとても大切です。栄養不足もいけません。エサはきちんとやってください。

小屋の中がフンでひどく汚れてしまうような場合は掃除しますが、床にもみ殻や落ち葉を厚く敷いておけば、フンをしても混じって発酵するので、それほど不衛生になることはありません。床土は畑の肥料として必要なときなどに取り出し、新たに落ち葉やもみ殻を加えておくといいでしょう。水は毎日交換し、エサ箱も汚れていたら掃除します。

また、病原菌を運ぶ野鳥やネズミとの接触を避けることも病気を予防する上で大切です。小屋に侵入させないようにしましょう。

ニワトリの様子は日常的に観察してください。すると、何か調子がおかしいときにすぐわかるようになります。病気のニワトリには次のような症状が見られます。

※羽毛につやがない。

※寒そうに縮こまって、あまり動かない。

※旺盛な食欲がない。エサを食べない。

※フンの色がおかしい。フンに血や肉のようなものが混じっている。下痢をしている。

※卵がおかしい。殻が薄い。殻が変色している。奇形卵を産む。卵質に異常がある。

※鳴き声がおかしい。ときどき聞きなれない奇声を発する。

※冠の色が白や暗赤色に変色している。冠にかさぶたのようなものができている。

※口を開けて苦しそうに息をしている。

※目が涙で汚れ、閉じていることが多い。

※鼻が鼻水で汚れている。

※脚鱗がめくれたようになって、歩き方がおかしい。

※首を振って立てない。

こうした異常を示すサインが見られたら要注意です。特にフンの状態は、ニワトリの健康を見るのによいバロメータになります。ただし、夏は水をよく飲むため下痢をおこしやすいこと、砂のう（筋胃）に小石が不足すると食べた物を消化できず、どろっとしたフンをしやすいこともあります。また、秋は換羽で羽が抜けるので、毛並みが乱れ、やせて見えることがあります。

感染力の強い伝染病には要注意

ニワトリの病気には、主に細菌によるもの、ウイルスによるもの、原虫や寄生虫によるものがあります。中でも、細菌による家禽コレラと家禽サルモネラ感染症、およびウイルスによるニューカッスル病と高病原性鳥インフルエンザは、発生時の被害が特に深刻な法定伝染病に指定されています。これらの病気は極めて病原性が強く、広がるのも早いため、発生すると殺処分や地域内でニワトリや卵の移動が禁止されるなどの厳しい対応がとられ、周りの養鶏農家に大きな影響を与えます。

近年、特に問題になっている高病原性鳥インフルエンザは病原菌を保有している野鳥などとの接触によって感染します。家畜保健衛生所では、庭先で少数羽を飼う場合でも鳥インフルエンザが流行する冬の時期は、野鳥などと接触する可能性が高い放し飼いは控えるように指導しています。

次ページにはニワトリの主な病気と予防法を紹介します。

ニワトリの健康チェック

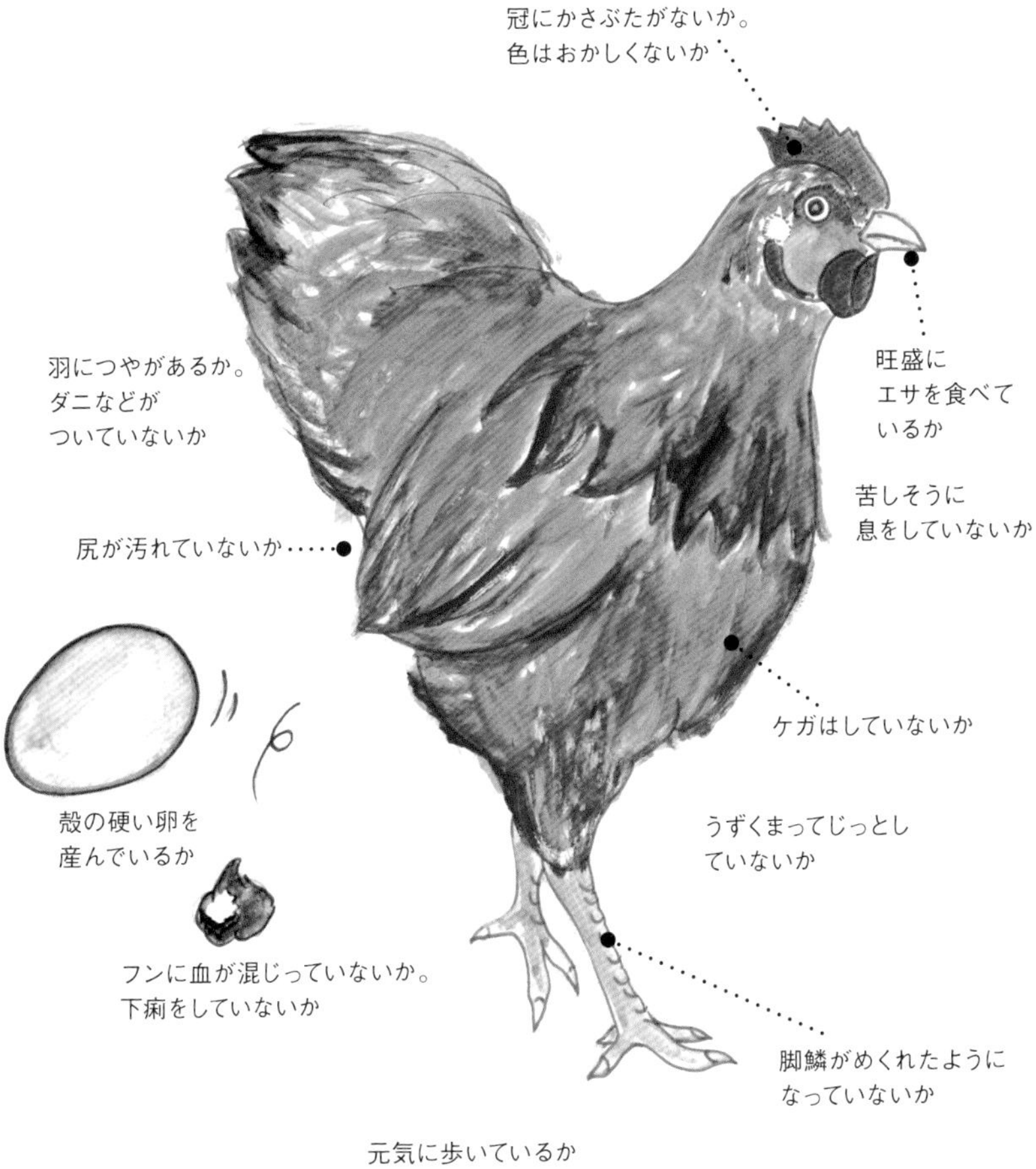
冠にかさぶたがないか。色はおかしくないか
旺盛にエサを食べているか
苦しそうに息をしていないか
羽につやがあるか。ダニなどがついていないか
尻が汚れていないか
ケガはしていないか
殻の硬い卵を産んでいるか
うずくまってじっとしていないか
フンに血が混じっていないか。下痢をしていないか
脚鱗がめくれたようになっていないか
元気に歩いているか

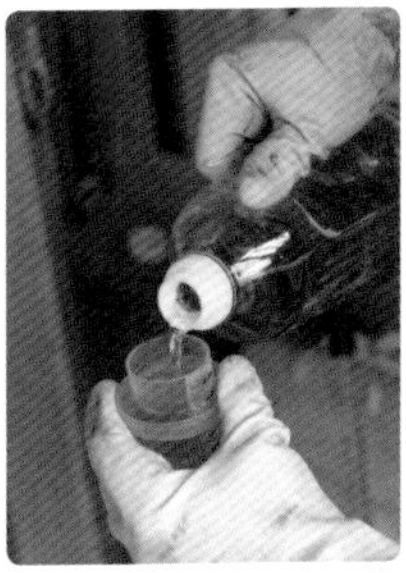

抵抗力の弱いヒナのうちは病気にかかりやすい。水に1～2%程度の酢を混ぜてやると鶏コクシジウム症の予防になる

●家禽サルモネラ感染症

原因 感染した親鶏が産卵したサルモネラ菌汚染受精卵からふ化したヒナに発症する。

症状 幼ビナでは粘液の混じった白色のフンをするようになり、元気がなくなって2～3週齢頃までに90％以上死ぬ。中ビナ、大ビナ、成鶏はほとんど死なない。感染しても無症状のことが多く病原菌を保有する。

予防 健康な種鶏から採種したヒナを入手する。保菌鶏は淘汰する。ただし近年はほとんど発生がない。

●ニューカッスル病

原因 ウイルスに感染している鳥との接触や汚染された飼料の摂取、ほこりの吸入により消化器や呼吸器粘膜から侵入する。

症状 緑色の下痢便、苦しそうな呼吸、脚や翼の麻痺、旋回運動などの神経異常、急激な産卵の低下や停止など。内臓強毒型ウイルスでは90％以上が死亡する。神経強毒型では若齢鶏で50％以上、成鶏で5％前後が死亡する。

予防 ワクチンの接種が極めて有効。野鳥などとの接触を避ける。

●高病原性鳥インフルエンザ

原因 ウイルスに感染している野鳥などとの接触。フンを通しての経口または軽鼻感染もある。

症状 冠や肉ぜんのチアノーゼや出血、頭部の浮腫、脚鱗の変色、緑色の下痢便、神経症状、呼吸の異常、産卵の低下や停止など。目立った症状を示さず急に死ぬこともある。

予防 野鳥との接触を避ける。異常が見られる個体がいたら家畜保健衛生所に相談する。現在のところ効果的な治療法はない。

●家禽コレラ

原因 病原菌を保菌している野鳥などにより伝播される。菌は呼吸器粘膜や皮膚の創傷などからも侵入して感染する。

症状 急性型では、激しい下痢、冠や肉ぜんのチアノーゼ、羽毛逆立ちなどが見られ、発症後2～3日で敗血症により死亡する。極めて急性の場合は発症後、数時間で死亡する。ニワトリでの死亡率は一般に20％程度。

予防 一般的な衛生管理が大切。なお、日本では1954年以降、発生がない。

●鶏痘

原因 カやヌカカなどがウイルスを媒介、あるいは皮膚や粘膜がおかされて感染する。

症状 皮膚型は冠、肉ぜん、くちばし、脚に米粒大の隆起ができる。喉や気管に同様の症状が発生する粘膜型の場合、呼吸困難により死亡する。そのほかの場合は産卵の低下などの症状が見られるが、死ぬことはほとんどない。夏を経験していないヒナや成鶏が発病しやすい。

予防 ワクチンの接種が有効。

●マレック病

原因 羽毛の根元の細胞で増殖したウイルスが皮膚のフケに付着して空気伝播する。

症状 脚、翼、首の神経がおかされて大きくはれる。起立不能や頭部下垂などの症状が見られる場合もある。30～120日齢の中ビナや大ビナに発生し、発病するとほとんど死亡する。

予防 ワクチンは初生時に打たないと効果が薄いので、ワクチンが接種されたヒナを入手する。ヒナは成鶏から隔離して育てる。

●鶏コクシジウム症

原因　原虫の経口摂取により感染する。原虫は宿主の腸管粘膜に寄生して増殖し、フンとして排出されたあと、ほかのニワトリがそのフンに接触することで感染が広がる。平飼いのヒナおよび若い成鶏に発生率が高い。

症状　急性コクシジウム症は血便を伴い死亡率が高い。慢性コクシジウム症は下痢、肉様便が見られ、やせて産卵が低下する。

予防　一般的な衛生管理を心がける。治療薬としてはサルファ剤が有効。ワクチンもある。

●鶏伝染性気管支炎

原因　感染鶏やそのフンなどとの接触や空気伝播による。世界的に多くの変異ウイルスがある。

症状　口を開いて苦しそうに呼吸し、寄声を発する。緑色のフンや激しい下痢をする。成鶏では産卵が低下し、奇形卵、矮小卵、軟卵など、卵の異常が見られる。伝染力が強く発生すると広がるのは早い。

予防　ワクチンの接種が有効。回復後も異常な卵を産むニワトリは淘汰する。

●鶏マイコプラズマ病

原因　マイコプラズマ感染親鶏の産卵した保菌卵によって介卵感染する。または同居感染により伝播する。

症状　鼻汁、くしゃみ、涙、咳など呼吸器に異常が見られる。食欲がなくなり、発育が遅れる。産卵の低下、および関節炎による脚弱も見られ、慢性の経過をたどる。

予防　種鶏が感染していると介卵感染するので健康な種鶏から採種する。

●鶏白血病

原因　ウイルスによる腫瘍性疾病で、感染親鶏が産卵したウイルス感染受精卵からふ化したヒナが発症する場合と感染鶏との同居により感染する場合がある。

症状　緑色または黄白色のフンをする。冠が委縮する。食欲がなくなり、急激に体重が減り、死亡する。120～250日齢で発病することが多い。

予防　健康な種鶏から採種する。発症したら治療法はない。

尻つつき

　ニワトリにとって深刻なトラブルのひとつに毛ぐいがあります。密飼いや栄養の偏りなどによるストレスで、ほかのニワトリの毛をむしる行為です。毛ぐいが進むと、むき出しになった尻をくちばしでつついて肉を食べてしまう尻つつきが始まります。多くの養鶏場では、それを避けるためにヒナのうちにくちばしの先を切ってしまう断嘴を行いますが、そうすると配合飼料以外の自然のエサが食べられなくなってしまうので、庭先養鶏ではやらないほうがいいでしょう。いったん尻つつきの癖がつくと治りません。ほかのニワトリと別飼いするなどの対策をとりましょう。

尻のまわりの毛がむしりとられてしまったニワトリ。砂のうで咀嚼するための小石がなかったり、エサのたんぱく質が不足していたりするのも毛ぐいの原因のひとつ

Chapter 4

ニワトリ小屋のつくり方

ニワトリを飼うために、まずはニワトリ小屋を用意しましょう。
10羽までなら1坪くらいの広さがあればOKです。
ホームセンターで手に入る資材を使って、DIYでつくることも難しくはありません。
予算約3万円、DIYになれた大人2人で2〜4日あればできる
簡単なニワトリ小屋づくりをご紹介しましょう。

ニワトリ小屋の設計図

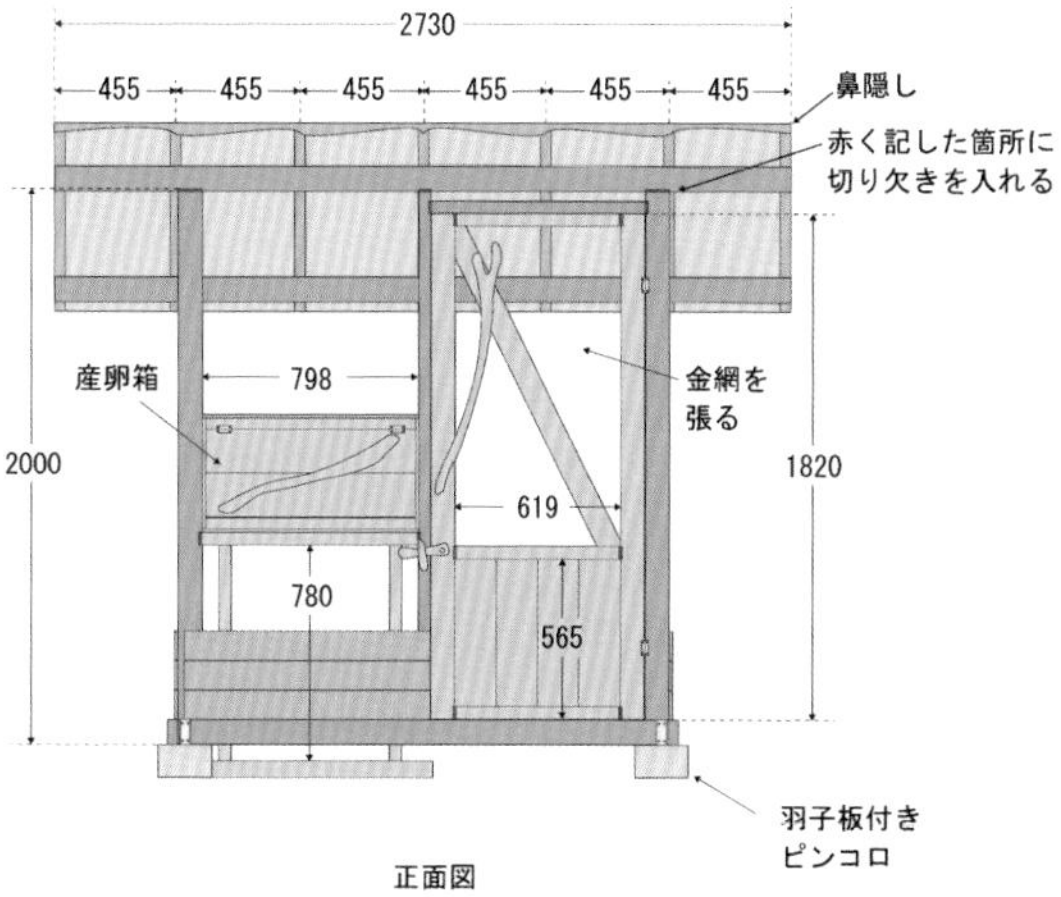

正面図

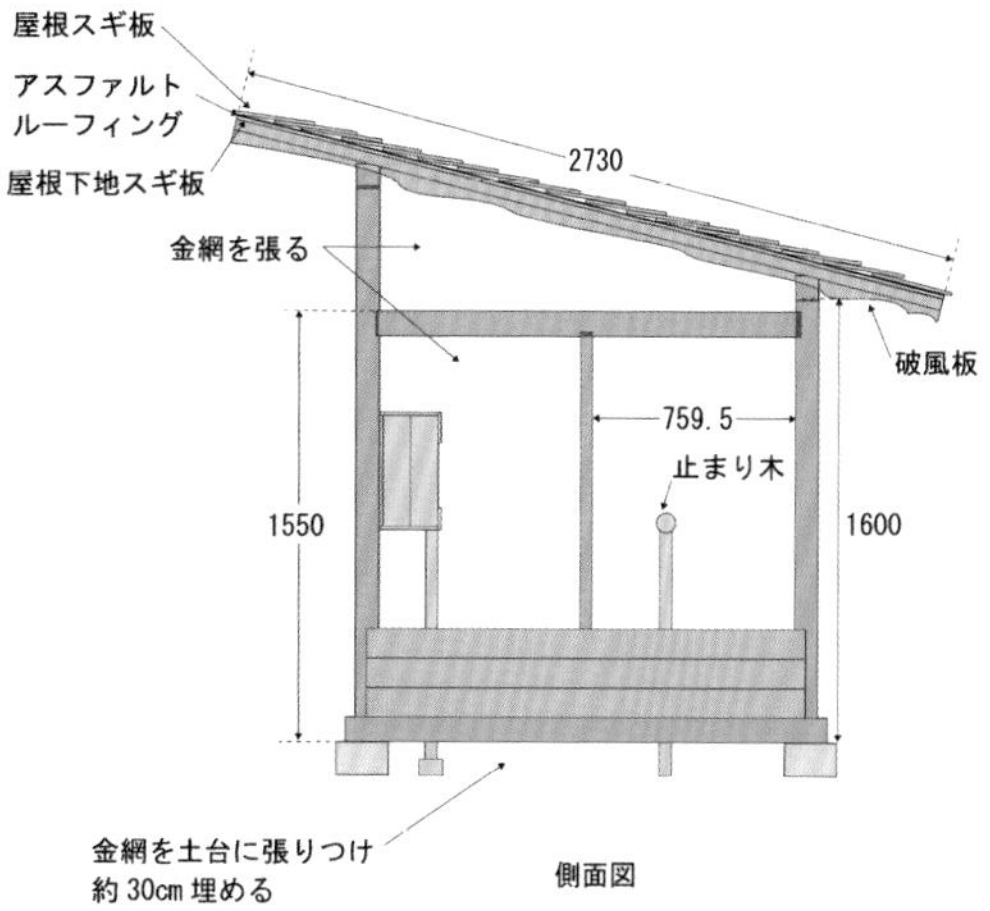

側面図

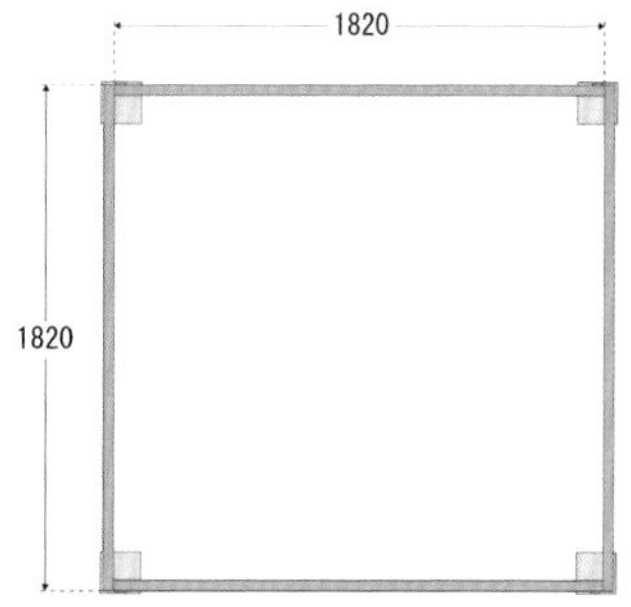

土台伏せ図

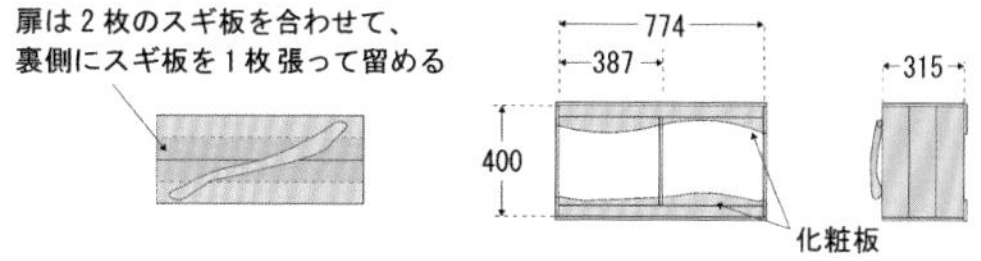

産卵箱

※単位は㎜

基礎の上に柱を置いて ビスで接合するだけ

ここで紹介するニワトリ小屋は、ピンコロという四角いコンクリートブロックの基礎の上に2×4材の土台を固定し、柱を立てた簡単なものです。難しい加工はなくし、材と材の接合はビスやカスガイを使って行います。

整地はスコップで穴を掘って砕石を突き固めます。軽い小屋なので基礎の高さは水平器を使って合わせる程度で十分です。

屋根はトタン波板を葺くのが一般的ですが、ちょっと見た目にこだわって、板葺きとしました。下地にアスファルトルーフィングという防水紙を施工するので、雨漏りの心配はありません。破風や鼻隠しもジグソーでデザインカットしています。

材料は、次ページに一覧を記したので参考にしてください。基本的にホームセンターで手に入ります。廃材や自然木を利用するのもよいでしょう。第一章で紹介している人たちのニワトリ小屋なども参考にして、自分なりの工夫やアイデアを取り入れてつくってみてください。

基礎、土台をつくる

ニワトリ小屋を建てる場所は、湿気の少ないなるべく平らな土の地面がよい。基礎となる4つのピンコロの位置は、土台となる2×4材を最初に四角く組んで、地面に試し置きしてみると、おおよその目安がつく。土台を載せる際に改めて微調整すること。

01 基礎のピンコロを置く小屋の四隅に、深さ30㎝ほどの穴を掘り、砕石を敷く

02 四隅の高さがほぼ同じになるように、土木用タコなどを使って砕石を突き固める

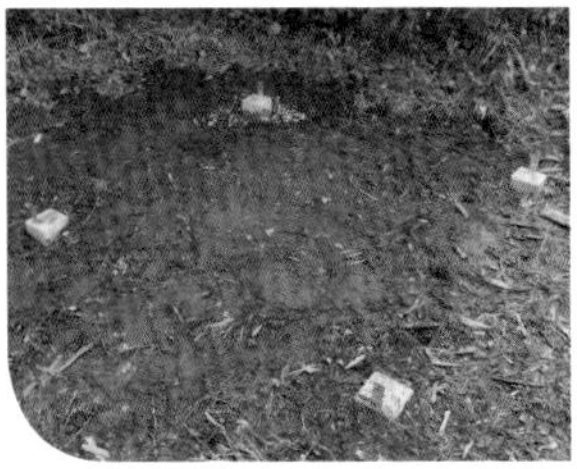

03 基礎のピンコロを置く。事前に土台の枠を組んで仮置きしてみると位置の目安がつく

[材料]

使用部位	材料	寸法	個数
基礎・土台			
基礎	羽子板付きピンコロ	150×150×120mm	4個
土台	SPF2×4材	1820mm	4本
骨組み			
柱（前）	スギ角材（90×90mm）	2000mm	2本
柱（後）	スギ角材（90×90mm）	1600mm	2本
桁	スギ角材（90×90mm）	2730mm	2本
梁	スギ角材（90×90mm）	1584mm	2本
間柱（正面）	スギ角材（45×45mm）	2000mm	1本
間柱（背面）	スギ角材（45×45mm）	1600mm	1本
間柱（側面）	スギ角材（45×45mm）	1480mm	2本
産卵箱の受け	スギ角材（45×45mm）	818mm	1本
鴨居	スギ角材（45×45mm）	817mm	1本
戸当たり	スギ角材（15×40mm）	1820mm	1本
屋根			
垂木	スギ角材（40×40mm）	2730mm	7本
屋根下地	スギ板（12×105mm）	1820mm	2.25坪
屋根下地	アスファルトルーフィング		2.25坪
屋根材	スギ板（12×105mm）	1820mm	5坪
破風板	スギ板（12×180mm）	2800mm	2枚
鼻隠し	スギ板（12×105mm）	2730mm	2枚
壁			
腰壁（側面）	スギ板（12×105mm）	1654mm	6枚
腰壁（背面）	スギ板（12×105mm）	1730mm	3枚
腰壁（正面）	スギ板（12×105mm）	888mm	3枚
金網	金網	幅910mm	12m
産卵箱			
枠	スギ角材（40×40mm）	774mm	4本
枠	スギ角材（40×40mm）	235mm	6本
側面壁	スギ板（12×105mm）	400mm	9枚
天井・底	スギ板（12×105mm）	798mm	6枚
化粧板	スギ板耳付き（約12×120mm）	798mm	2枚
扉	スギ板（12×160mm）	772mm	3枚
蝶番	蝶番		2個
取っ手	自然木	長さ850mm程度	1本
脚	スギ角材（45×45mm）	780mm	2本
脚底	スギ角材（60×90mm）	910mm	1本
ドア			
枠（長辺）	SPF2×4材	1820mm	2本
枠（短辺）	スギ角材（45×45mm）	639mm	3本
筋交い	SPF2×4材	1500mm	1本
縦板	スギ板（12×180mm）	600mm	4枚
取っ手	自然木	長さ500mm程度	1本
カンヌキ	自然木	長さ200mm程度	2本
カンヌキ	鉄筋	直径10mm、長さ120mm程度	1本
蝶番	蝶番		2個
エサ箱			
底・側面（長辺）	スギ板（12×105mm）	600mm	3枚
側面（短辺）	スギ板（12×105mm）	105mm	2枚
給水器			
給水器	ペットボトル（2L）		1本
水受け	金属の箱など	50×150×250mm程度	1個
側板・背面板	スギ板（12×150mm）	350mm	3枚
底板	スギ板（12×150mm）	250mm	1枚
ペットボトルの受け板	スギ板（12×150mm）	150mm	2枚
その他			
止まり木	自然木		適宜
床	藁、もみ殻、かんなくずなど		適宜
ビス		25、40、45、75、90mm	適宜
防虫・防腐塗料			適宜

[使用した道具]

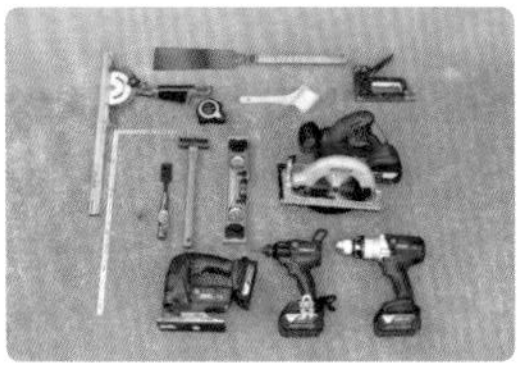

- 丸ノコ
- インパクトドライバー
- ノコギリ
- ノミ
- カナヅチ
- メジャー
- サシガネ
- ハケ
- タッカー
- ジグソー
- 鉛筆
- 丸ノコガイド
- ドライバドリル
- 水平器

04 基礎の水平を確認する。高低差があれば、砕石を取り除くか、盛るかして合わせる

05 土台に防虫・防腐塗料を塗る。1度塗って乾いたら、その上からもう1度、重ね塗りする

06 基礎のピンコロに付いている羽子板金具に40㎜のビスで土台を接合する

07 土台同士も90㎜のビスを使って接合する。ピンコロは3分の2を地面に埋める

材料を刻む

柱や桁などの骨組みとなる材料は、切り込みを入れて突き合わせ、カスガイやビスで接合する。ホゾ組みなどの難しい加工はないので、必要な道具さえそろえればDIYビギナーでも比較的簡単につくることができる。正確なカットには丸ノコガイドを使う。

08 図面を参考に柱、梁、桁が接合する場所に浅い切り欠きを入れるための墨付けをする

09 柱、梁、桁の接合箇所に入れる切り欠きの深さ1㎝に合わせて、丸ノコの刃を調節する

10 08で柱、梁、桁に記した墨線に沿って、木材を丸ノコで細かく刻む

11 丸ノコで入れた細かい刻みをノミで丁寧にさらう

12 深さ1㎝の切り欠き。ここに柱や梁、桁を合わせることで材がズレにくくなる

13 桁に垂木を乗せるための刻みを斜めに入れる。ここではノコギリを使う

14 11と同じようにして、ノコギリで入れた刻みをノミで丁寧にさらう

骨組みを立てる

屋根を支える部材を垂木といい、柱の上で垂木を受ける部材を桁、桁に直行するように渡す部材を梁という。組み立ては大きな材料を支えたり、持ち上げたりするために2人以上で行うのが理想的。ビスやカスガイは材の両側からしっかり打ち込む。

15 基礎の上に柱を載せて90㎜のビスを使って土台と接合する。柱の垂直は水平器で確認する

16 柱の上に桁の切り欠きを合わせて載せ、90㎜のビスを斜めに打って仮止めする

17 柱の切り欠きに合わせて梁を渡す

18 90㎜のビスを斜めに打って、柱と梁を接合する

19 さらにカスガイを打ち込む。裏側にもカスガイを打つ

20 ビスで仮止めした柱と桁の接合部にも、同様にカスガイを打つ

21 桁に刻んだ切り欠きに間柱を合わせて、90㎜のビスを斜めに打って接合する

22 水平器で間柱の垂直を確認し、間柱の下側を土台と75㎜のビスで接合する

23 側面の間柱を22と同様にして梁、土台と接合する。これで骨組み完成

屋根を葺く

安く簡単に屋根をつくるなら垂木の上に横桟を渡してトタン波板を葺くのがよい。しかし、ここではスギ板を重ねて施工することで、自然の風合いが感じられるようにした。スギ板の下に施工するアスファルトルーフィングで防水されるので、雨漏りの心配はない。

24 前後の桁に垂木を接合する。前側の出を500㎜程度にするとバランスがよい

25 屋根の下地となる野地板を垂木と垂直方向に張る

26 野地板の上に屋根の下側からアスファルトルーフィングをタッカーで留めていく

27 長さ50㎝ほどに切ったスギ板を屋根の下側から、ビスで下地に留めていく

28 破風と鼻隠しを波状にカットするためのラインをスギ板に記す。飾りなので省略してもよい

29 28のラインに沿ってジグソーでスギ板をカットする

30 屋根の前後の垂木に鼻隠しを長さ40㎜のビスで取り付ける

31 同様に屋根の側面の垂木に破風を取り付ける

安価で簡単なトタン波板

トタン波板はニワトリ小屋で最も一般的な屋根。垂木に横桟を渡して、専用の釘でトタン波板を留めていけばよい。トタン波板にもいろいろ種類があるので耐久性の高いものを選ぼう。

腰壁、金網を張る

小屋の外装は、地面から高さ約30cmまでは板材、その上はすべて金網とする。金網はタッカーで柱や間柱に直接打ちつける。また、イタチなどが穴を掘って小屋に入るのを防ぐため地面の下、深さ約30cmまで金網を埋めておく。丸太やブロックでもよい。

38 柱に腰壁を接合する。前面、背面、側面にそれぞれ柱の下側からスギ板を3枚張る

39 金網を金属バサミで必要なサイズに切り、小屋の内側から柱や間柱にタッカーで留める

40 土台にタッカーで金網を留め、30cm以上の深さで地面に埋める

産卵箱をつくる

産卵箱は40×40mmの材で縦横315×774mmの枠をつくり、それを天井と底のフレームにして、壁にする板材で接合する。真ん中に仕切り板を設けると部屋が2つできる。中には藁やもみ殻を入れる。裏は扉にして、小屋の外から卵を取り出せるようにした。

32 P96の産卵箱の材料に記したスギ材をビスで接合し、写真のような枠を2つつくる

33 32でつくった2つの枠を側面壁で接合する。中央部にも壁を設ける

34 さらに天井と底板となるスギ板を張り、前側には化粧板を取り付ける

35 事前に柱と間柱に切り欠きを入れておき、そこに産卵箱の受け材をビスで固定する

36 産卵箱に脚を取り付け、受け材に載せて水平になるように位置を決め、ビスで固定する

37 スギ板で扉を組み立て、蝶番で産卵箱に取り付ける。取っ手は自然木でつくる

ドアをつくる

ドアは2×4材と45×45㎜の角材でフレームをつくり、筋交いを入れてゆがみを抑える。上部は金網、下部は板張り。開閉がスムーズにいくように適度なクリアランスを設けて取り付けるのがコツ。カンヌキは内側からでも開けられるようにしておくと安心だ。

41 ドア枠の長辺に短辺の材をはめるための切り欠きを丸ノコとノミで入れる

42 ドア枠の長辺に入れた切り欠きに短辺の材を合わせて90㎜のビスで接合する

43 筋交いに使う2×4材の寸法を現物合わせで記し、丸ノコでカットする

44 ドアの四隅が垂直であることを確認し、筋交いをはめて90㎜のビスで接合する

45 金網をドアの裏側からタッカーで留める。ドアの下側にはスギ板を張る

46 取っ手として自然木を取り付ける。割れやすいので下穴を開けてからビスで留める

47 ドアの高さに合わせて、柱と間柱に鴨井を90㎜のビスで斜め打ちして取り付ける

48 蝶番を取り付ける。ドアと柱に2〜3㎜の隙間を設けると開け閉めがスムーズ

49 ドアが適当な位置で止まるように、間柱に戸当たりを取り付ける

50 自然木に穴を開け、鉄筋を取り付けてドアを貫通させる。反対側にも自然木を取り付ける

51 50でつくったカンヌキの受けを自然木でつくり、間柱の適当な位置に固定する

止まり木、エサ箱、給水器をつくる

止まり木はニワトリが寝るための場所。自然木でも、余った材でも、何でもよい。エサ箱は、ニワトリにひっくり返されないようにすること。給水器は受け皿の上に水を入れたペットボトルを逆さに取り付けて、受け皿の水が減るとその分だけ給水される仕組み。

52 自然木で止まり木をつくる。止まり木は柱や間柱にビスでしっかりと固定する

53 床に藁やもみ殻を敷く。そのうちニワトリがひっかきまわして土やフンなどと混ざる

54 エサ箱をつくり、ニワトリにひっくり返されないように壁などに固定する

55 給水器は受け皿の水が減ると、ペットボトルからその分が供給される仕組み

56 受け皿とペットボトルが固定できるようにスギ板で給水器をつくり、壁などに固定する

Chapter 5

豊かなニワトリの恵み

卵は、私たちの暮らしに欠かせない食材です。さまざまな料理に使われるのはもちろん、菓子やドレッシングなどにも入っています。ニワトリを飼えば、そんな卵が毎日、食べきれないほど手に入ります。また、ニワトリは締めて肉にすることもできます。スーパーに並んでいるようなパック詰めの肉からは見えない、命を食べることの意味を知ることができるでしょう。

ニワトリの恵み 卵

毎日のように卵を産むニワトリですが、そもそもあの硬い殻に包まれた卵はどのようにしてできるのでしょうか？なぜ、メスだけで産卵することができるのでしょうか。ここではニワトリの卵について詳しく紹介しましょう。

ニワトリの産卵は人間でいう排卵と同じ

ニワトリは、ふ化してから150日前後で産卵を開始します。品種にもよりますが、よく卵を産む卵用鶏の場合、産卵開始後2～4カ月の間が最も産卵数が多くなり、その後、徐々に低下します。

産卵するのは、当然ですがメスだけです。オスを飼っていなくても、メスだけで産卵します。それを不思議に思うかもしれませんが、ニワトリが卵を産むのは、人間でいうところの出産ではなく、排卵と同じだからです。人間の生理が月周期なのに対し、ニワトリは日周期で24～25時間に1個の卵を産みます。

鳥類は、本来、ヒナの面倒をみられるだけの数しか卵を産まないものですが、産んだばかりの卵がなくなると、次々に産卵する性質があります。ニワトリも、その祖先は産卵数が年間10個程度でした。しかし、人間が卵をとるようになり、長い歴史の中で、今のようにほぼ毎日、卵を産むようになったのです。

メスだけで産む卵は無精卵といいます。受精していませんから、温めてもヒナはかえりません。スーパーなどに並んでいる卵は、基本的に無精卵です。オスを一緒に飼えば、受精した有精卵ができます。20羽のメスに対して1羽オスがいれば、約80％の確率で有精卵になります。

無精卵と有精卵の違いは卵を割ってみるとわかります。有精卵は黄身の上に直径3～4㎜の白いドーナツ状の輪が見られます。胚といって、この部分が育ってヒナになるのです。

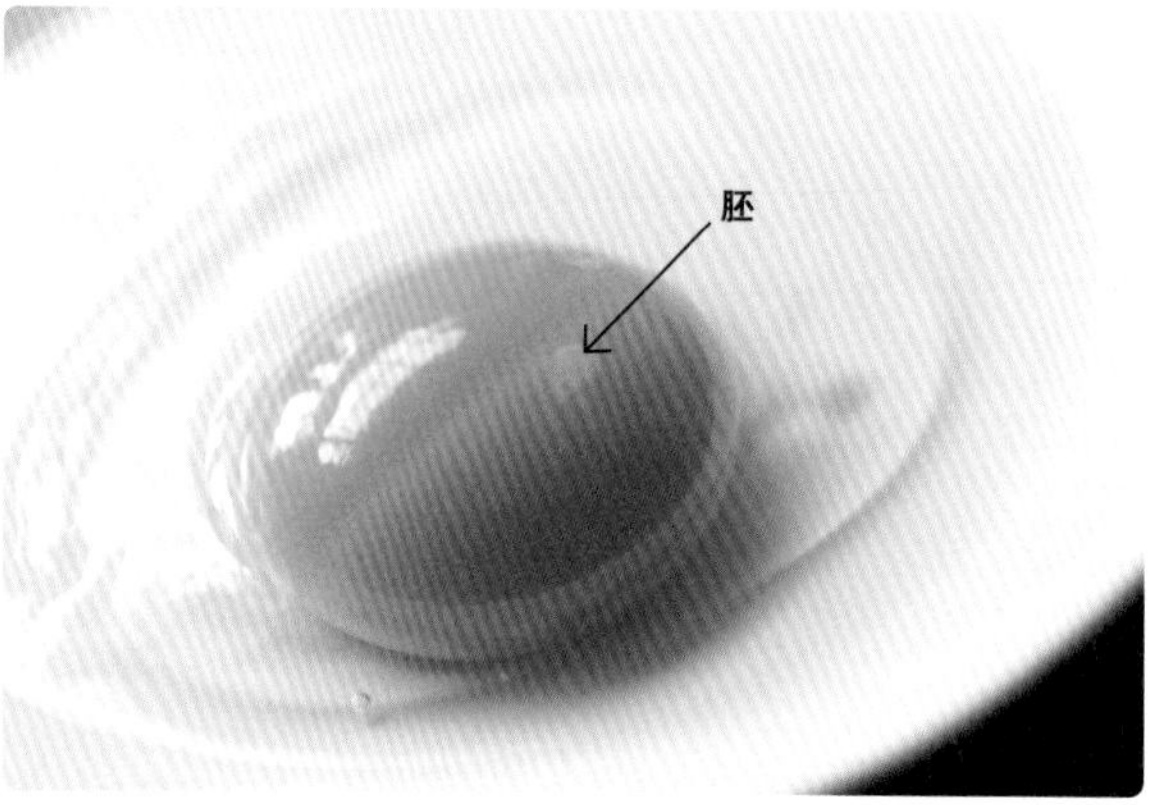

黄身の上に白いドーナツ状の輪があれば有精卵。無精卵にも胚は見られるが、有精卵のような輪ではなく、単なる円になっている

卵はどうやってできるか

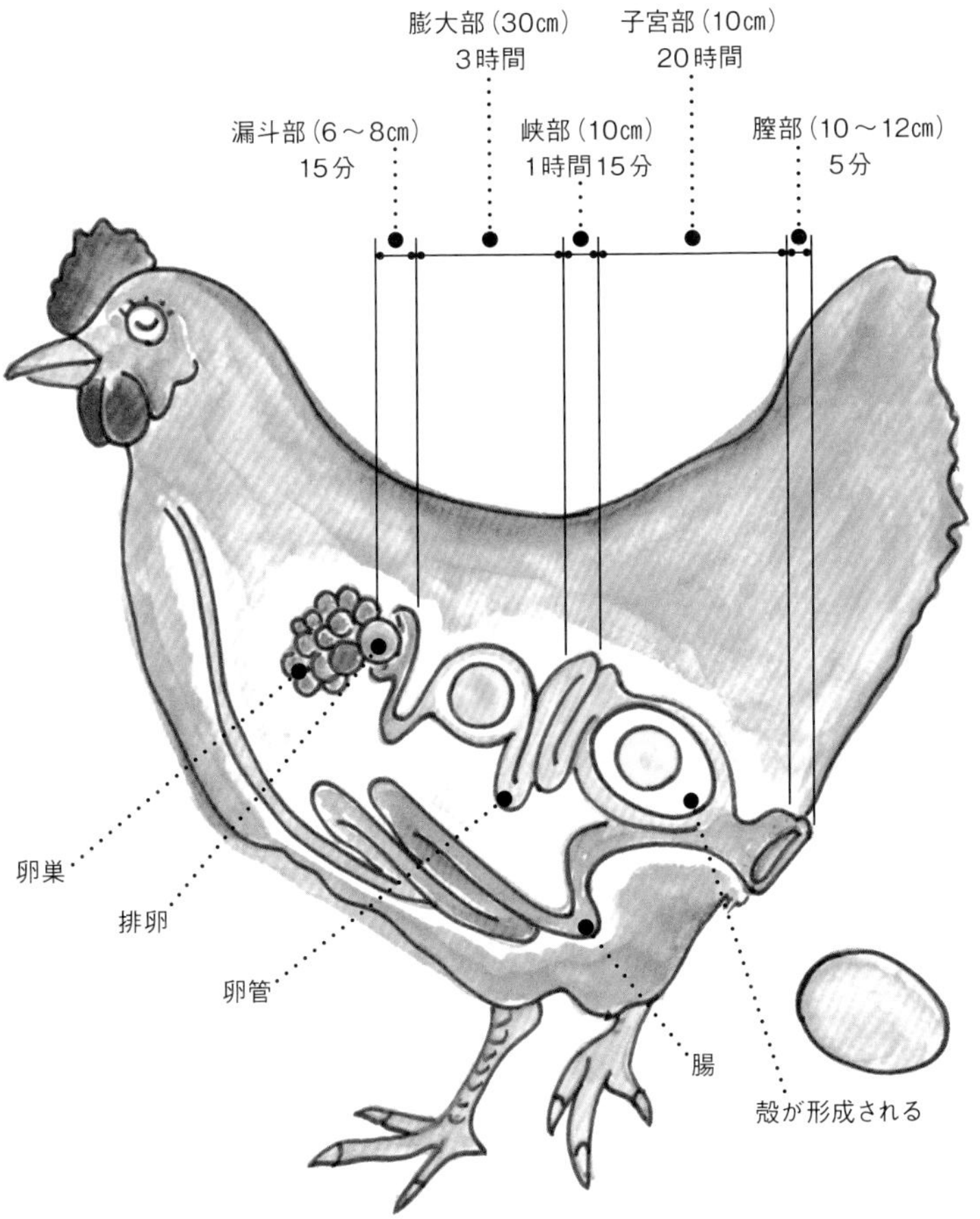

排卵から卵ができるまで 24～25時間

メスのニワトリには、ブドウの房のような卵巣があります。卵巣には直径1～35㎜程度の大小さまざまな卵胞という球状の細胞があり、これが卵黄のもとになります。スーパーの精肉売り場で、ピンポン玉を少し小さくしたようなキンカンという黄色い部位を見かけることがありますが、これは卵巣を取り出したものです。

卵胞はヒナのときからありますが、ニワトリが成長して産卵できるようになると、血液によって卵黄物質が卵胞に運ばれます。卵黄物質を蓄積した卵胞は10日ほどで成熟して排卵され、漏斗部といわれる、卵黄を受け取る大きな口のような部分から卵管に入ります。

卵管は、排卵された卵黄が放卵されるまで通っていく管で、だいたい70㎝ほどの長さがあります。漏斗部から卵管に入った卵黄は、まず膨大部でねっとりとした卵白に包まれます。その後、峡部と呼ばれるところで殻の内側にある薄皮、卵殻膜が形成されます。

排卵から漏斗部の通過におよそ15分、膨大部が3時間前後、峡部が1時間15分ほどかかります。ここまで4時間30分くらいです。

卵殻膜ができると、子宮部でその周りに石灰質がくっついて約20時間かけて卵殻が形成され、尻にある総排泄腔から放卵されます。

排卵から放卵までの時間は24～25時間で、毎日卵を産んでいるニワトリは日ごとに産卵時刻が遅くなり、夕方近くに産卵するようになると、1～3日休産し、その翌日からまた産卵します。産卵は日長にも影響を受けます。日が長くなるとよく産卵し、短くなると産卵数が低下します。そのため養鶏場では鶏舎に電灯をつけて日照時間を調整し、一年中、卵をよく産むようにしています。

いろいろな卵

ニワトリの卵は品種によって、卵殻の色や大きさが違います。スーパーなどで、最も多く目にするのは、白玉といわれる純白の卵で、卵重は平均55～60g程度。これは白色レグホーン系統の卵です。ほかには淡褐色や赤玉といわれる褐色の卵があります。主にロード・アイランド・レッドをもとにしてつくられた品種の卵です。赤玉は、いかにも栄養があっておいしそうですが、栄養成分は白玉と変わりません。

卵の大きさは品種による違いのほか、日齢にも左右され、年をとるほど大きくなります。ただし、卵黄の大きさは、若いニワトリは若干小さいものの、卵の殻が大きくても小さくてもほぼ同じです。殻が大きな卵は卵白の量が多くなっているのです。

❶ホシノブラック ❷アロウカナ ❸ゴトウモミジ ❹ウコッケイ ❺名古屋種
❻白色レグホーン ❼ボリスブラウン

卵黄が2つ入ったふたごの卵。産卵し始めの頃にときどき見られ、ほかの卵に比べて大きいのですぐにわかる

すべてボリスブラウンの卵。左は産卵し始めたばかりのもの。真ん中は産卵開始後3～4カ月。右は4～5年たって産卵が衰えてきたもの

卵黄の色はエサで変わる

卵殻の色はニワトリの品種によって異なりますが、卵黄の色はエサによって変わります。卵黄の色はカロテノイドという色素によるもので、これはニワトリ自身で合成することはできません。つまり、エサによって卵黄の色を調整できるのです。

黄色を濃くするエサとしては、トウモロコシやマメ科のアルファルファがあり、さらに濃い橙色に近づけるにはパプリカやトウガラシを食べさせます。くず米などが中心のエサだと、あまり色がつかず薄い黄色になります。一般には色の濃い卵が好まれますが、栄養成分が変わるわけではありません。

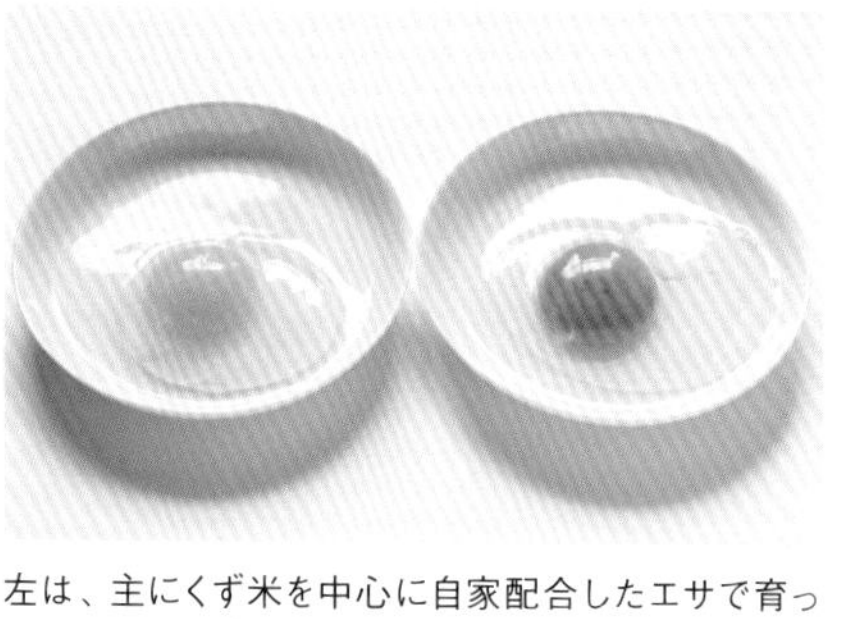

左は、主にくず米を中心に自家配合したエサで育ったニワトリが産んだ卵。右は、トウモロコシをメインにした市販の配合飼料による卵

卵の栄養

ニワトリのヒナは、卵に含まれる栄養だけで成長し、ふ化します。さらにふ化してから2日ほどは、エサをやらなくても体内に残る卵黄を消化して育ちます。それだけ卵には豊富な栄養が含まれているのです。

卵には、たんぱく質や脂質、炭水化物のほか、カルシウムや鉄、マグネシウムといったミネラル、ビタミンAやビタミンBなどのビタミンなど、たくさんの栄養素がバランスよく含まれており、しばしば完全栄養食品ともいわれます。かつては、卵を食べすぎるとコレステロール値が上がり健康によくないという俗説もありましたが、近年の研究で卵とコレステロールの因果関係はほとんどないのがわかっています。むしろ、卵は毎日食べたい健康食品なのです。

卵の栄養

※ 可食部100gあたりの数値

主な成分		単位	全卵	卵黄	卵白
エネルギー		kcal	151	387	47
水分		g	76.1	48.2	88.4
たんぱく質		g	12.3	16.5	10.5
脂質		g	10.3	33.5	−
炭水化物		g	0.3	0.1	0.4
灰分		g	1.0	1.7	0.7
無機質	ナトリウム	mg	140	48	180
	カリウム	mg	130	87	140
	カルシウム	mg	51	150	6
	マグネシウム	mg	11	12	11
	リン	mg	180	570	11
	鉄	mg	1.8	6.0	0
ビタミン	A	μg	338	1106	0
	D	μg	1.8	5.9	0
	E	mg	1.6	5.5	0
	B1	mg	0.06	0.21	0
	B2	mg	0.43	0.52	0.39
	ナイアシン	mg	0.1	0	0.1
	B6	mg	0.08	0.26	0
	B12	μg	0.9	3.0	0
コレステロール		mg	420	1400	1
食塩相当量		g	0.4	0.1	0.5

資料：五訂日本食品標準成分表より

温泉卵ができるわけ

卵は卵白と卵黄で固まる温度が異なります。卵黄はだいたい65～70℃で固まりますが、卵白は60℃くらいから固まり始め、完全に固くなるのは80℃くらいです。その性質を利用し、湯の温度を65～70℃に保ちながら25分くらい卵をつけておくと、卵黄だけが固まり、卵白がとろんとした温泉卵ができます。

ゆで卵も湯の温度とつける時間によって固さを調整できます。沸騰した湯なら、5分で半熟、9分で8分ゆで、13分で固ゆでになります。なお、ゆで卵をつくる場合、新鮮な卵より、産卵後数日たった卵のほうが、殻がむきやすいです。

卵黄と卵白は固まる温度が異なる。湯の温度とつける時間を調整すれば、家庭でも温泉卵をつくれる

ニワトリの恵み 肉

トリ肉は部位ごとに栄養成分の違いや食味の特徴があります。
ムネ肉は脂質が少なく淡白な味わいです。
一方、モモ肉はコクと歯ごたえのある肉です。
内臓もほとんど食べられ、しかも栄養分に富んでいます。

比較的脂質が少なく、たんぱく質に富むヘルシーな肉

トリ肉は、日本で最もポピュラーな食肉です。ウシやブタと異なり、肉の中に脂肪があまり入り込まないため、皮を取り除くと脂質が低くなり、ヘルシーな食肉として好まれています。品種やエサにもよりますが、比較的あっさりとしていて、クセがないのもトリ肉の特徴で、幅広い料理に利用されます。

食感や含まれる栄養成分などは部位によって異なります。最も大きな肉がとれるのはモモ肉です。よく動かす部位なので肉が締まり、歯ごたえがあります。栄養成分としては、ムネ肉などに比べて脂質、レチノール、ビタミンAなどを多く含みます。市場での価格も高めです。

ムネ肉はモモ肉と双璧をなす大きな部位で、脂質が少なく、たんぱく質に富んでいます。肉質がやわらかく淡白な味わいなので、どんな料理にも合わせやすいのが特徴です。

ササミはムネ肉の一部であり、翼を動かすときに使う筋肉です。1羽のニワトリから2本しかとれない貴重な部位で、細長い形が笹の葉のように見えることからササミと呼ばれます。肉はたんぱく質のかたまりで、脂質はムネ肉よりさらに少なく、サラダなどにも利用されます。

翼の部分は手羽といい、胴体との付け根部分を手羽元、翼の先を手羽先といいます。手羽先の先端を落としたものを手羽中として扱うこともあります。からあげによく使われる部位で、皮が多く脂質を多く含みます。

ニワトリは心臓（ハツ）や肝臓（レバー）、砂肝といった内臓も非常に美味で、肺や腸を除けば、ほとんどの部位を食べることができます。さらに肉をとったあとの、ガラをじっくりと煮込んで取り出す濃厚なスープも見逃せません。

肉用のニワトリはブロイラーで50～55日、地鶏などは100～150日くらいで出荷される

ニワトリの骨格と各部位

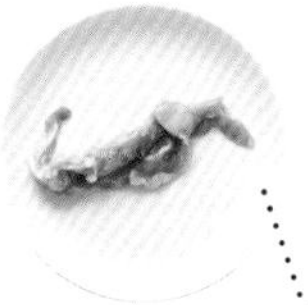

セセリ

首の肉。比較的脂質が多く、モモ肉のような食感があるが、1羽からとれる量は非常に少ない

手羽先

ニワトリの翼の部分で、人間でいうと肘から先にあたる。肉は少なく皮が大部分を占める。脂質が高い

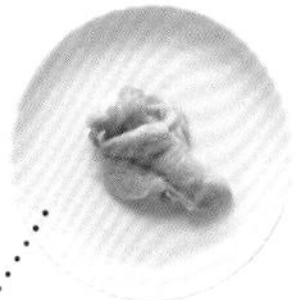

手羽元

翼の付け根の部分。手羽先に比べると肉が多くつき、脂肪は少ない。味にはコクがあり、からあげに向いている

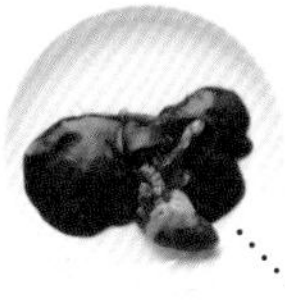

心臓、肝臓

心臓は鉄分、ナトリウムを多く含み、内臓の中では最もカロリーが高い。肝臓にはビタミン類が多く含まれる

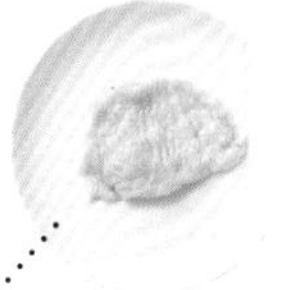

皮

首やムネ肉、モモ肉などについている皮をはいだもの。脂肪が多いため、湯通しして適度に落とすとよい

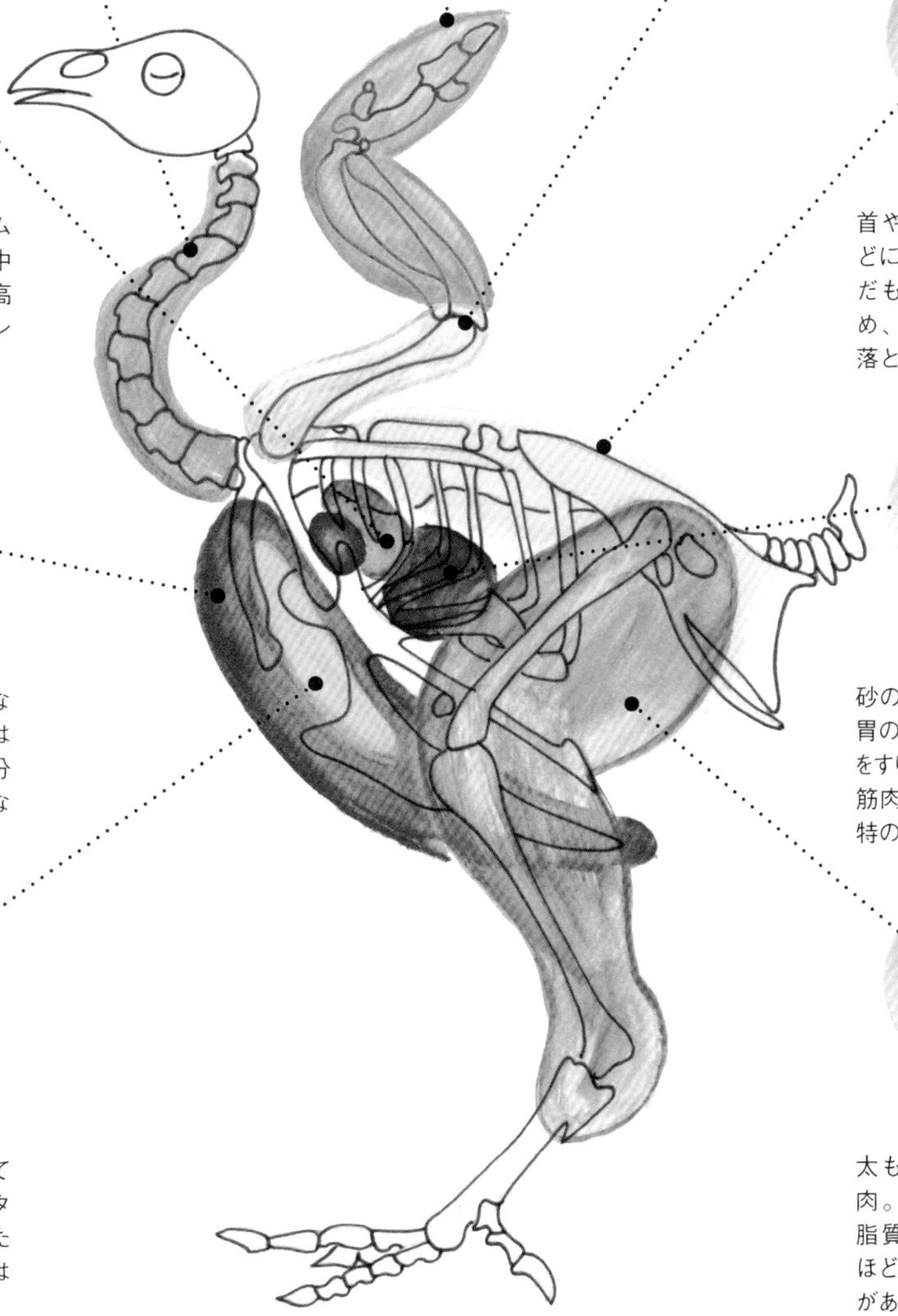

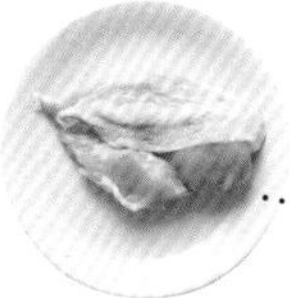

ムネ肉

モモ肉に次いで大きな部位。料理するときは加熱しすぎると、水分が抜けてパサパサになるので注意

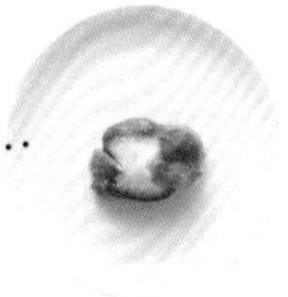

砂肝

砂のう（筋胃）といわれる胃の一部で、食べたものをすりつぶす機能をもつ。筋肉質でコリコリとした独特の食感がある

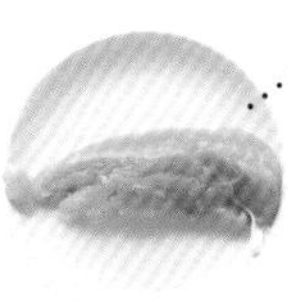

ササミ

ムネ肉の内側についている部位でウシやブタのヒレにあたる。締めたばかりの新鮮なものは刺身にしても美味

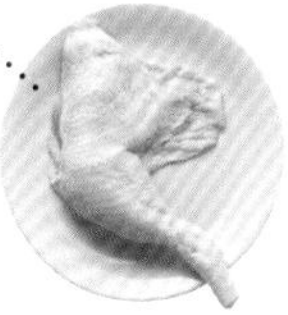

モモ肉

太ももから足首までの肉。最も大きな部位で、脂質を多く含む。肉はほどよい歯ごたえとコクがある

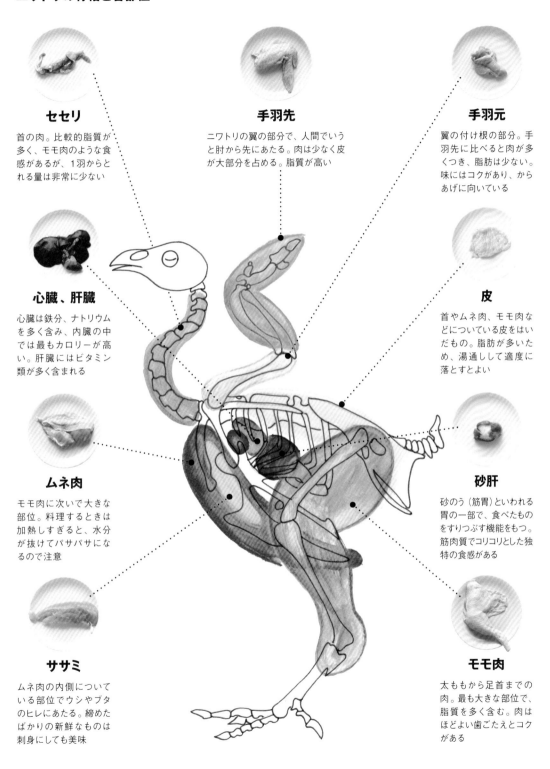

ニワトリの締め方とさばき方

産卵率が落ちたニワトリは、最後は肉として、その命に感謝していただきましょう。締め方とさばき方の手順をご紹介します。

自家繁殖させれば、若鶏の肉を得ることもできる

自給的暮らしに役立てる生き物としてニワトリを飼う人にとっては、卵はもちろん肉もニワトリから得られる恵みです。

卵用鶏は産卵率が落ちたら引退です。養鶏場では、だいたいふ化後2年くらいで淘汰しますが、経済性を考える必要のない庭先養鶏なら3～4年は卵を産ませてもいいでしょう。ただし、それくらいの年になると、肉は非常に硬くなります。ムネ肉やモモ肉などは大きなかたまりのまま料理すると噛むのも困難なので、なるべく細かく切るか、ひき肉にすると食べやすくなります。

おいしい肉を味わうなら、オスとメスを飼って、ヒナを自家繁殖するのもいい方法です。ふ化したヒナの半分は確率的にオスですから、半年ほど育ててから締めれば、ほどよい歯ごたえとコクのあるとてもおいしい肉が得られるはずです。

ニワトリを締めるときは、事前にニワトリがすっぽり入る大きさの鍋に湯を沸かしておきます。毛をむしる際、ニワトリを湯に浸し、毛穴を開くためです。また、頭や羽毛、内臓などを処理する場所も考えておいてください。締めるときはニワトリが暴れないようにしっかりと押さえ、動脈をカッターナイフでひと思いに切ります。血を抜き、毛をむしるとニワトリは肉に変わります。

ニワトリを締める

ニワトリを締めるときは、鉈などで首を落とす方法もあるが、動脈だけを切って心臓が動いている状態にしたほうが、血がよく抜ける。血抜きはニワトリを袋に入れたり、木の枝などに逆さに吊るしたりしてもよい。汚れてもいい場所でやること

01 背中にまわして交差させた羽と頭部を片手で持ち、ニワトリが暴れないように押さえる

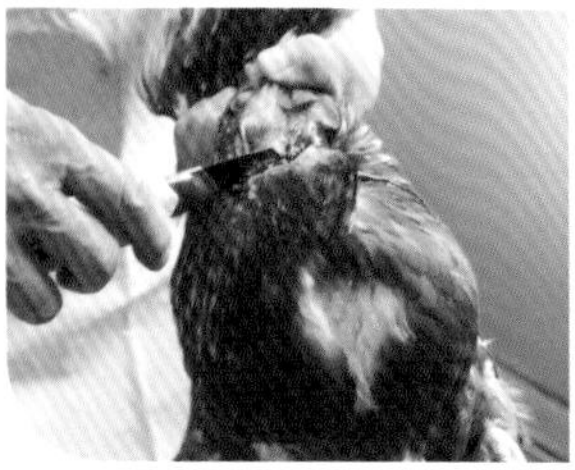

02 首にカッターナイフを1㎝くらいの深さで入れ、頸動脈を切る。首は落とさない

03 ニワトリを逆さにして血を抜く。メガホンのような筒状のものがあると便利

モモ肉をとる

モモ肉をきれいにとるコツは、胴体との付け根に切れ目を入れてから、ももを外側に折り曲げて、うまく関節を外すこと。開いたモモ肉は骨盤に沿って包丁を入れ、筋を切ってから背中側の皮を切れば簡単に外れる

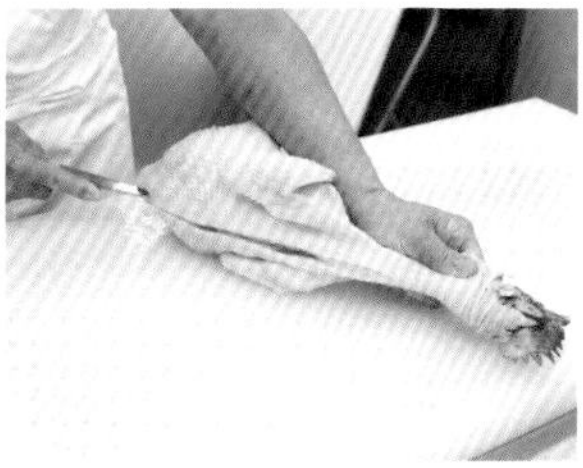

01 背中側の首の付け根から腸骨まで、まっすぐ包丁を入れて皮を切る

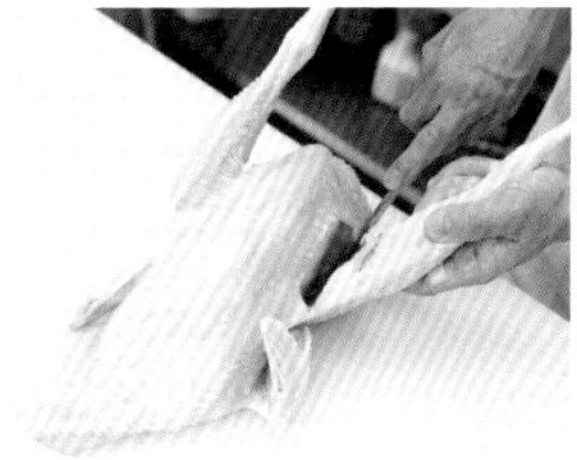

02 胸を上に向けて、両方のもも付け根に包丁を入れて皮を切る

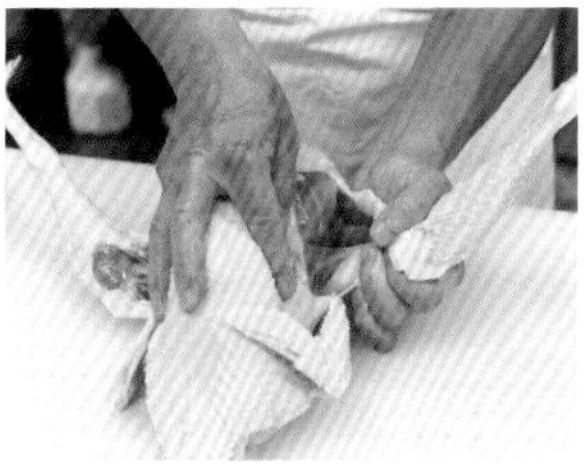

03 片手で胴体を押さえ、もう一方の手でももを持って外側に開くようにして関節を外す

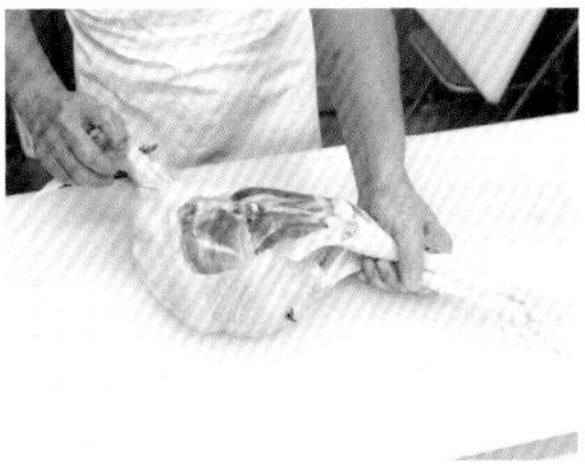

04 もう一方のももの関節も同様にして外し、両足をまとめて背中側に折り曲げる

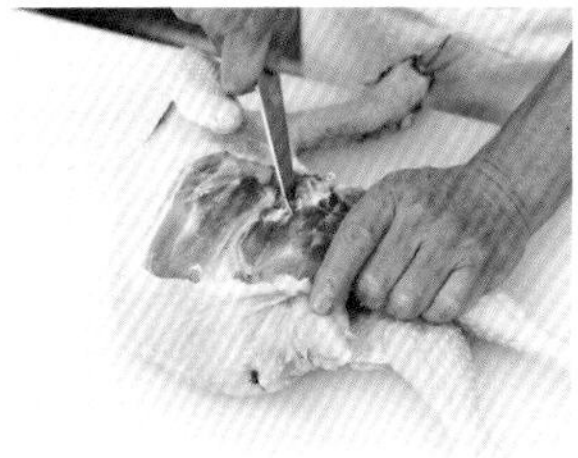

05 ももを外側に引っ張りながら、骨盤に沿ってももの付け根の肉と筋を切る

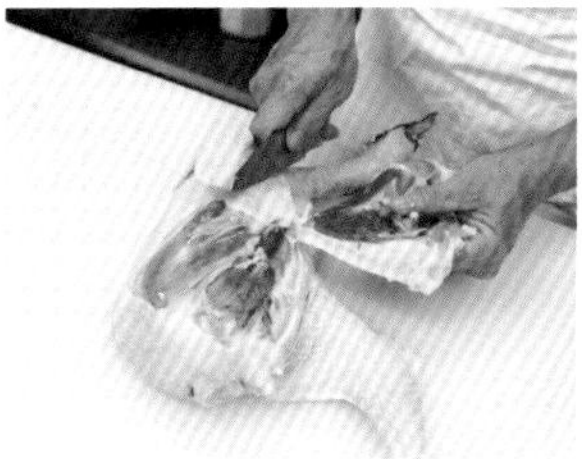

06 胴体を押さえ、手でももを引きはがす。最後に残った皮は包丁で切る

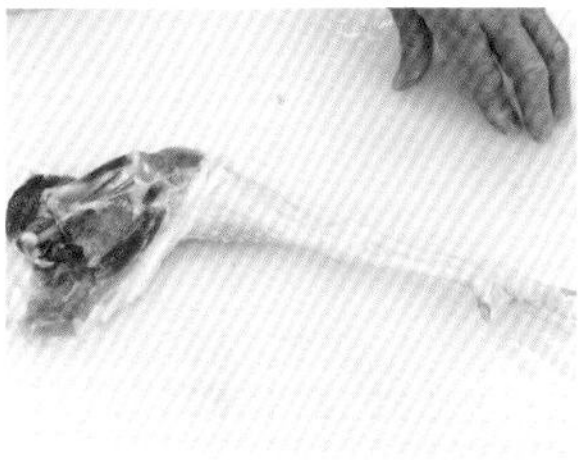

07 モモ肉がとれた。同様のやり方でもう一方のモモ肉も取り外す

04 ニワトリが息絶えて血が抜けたら、60～65℃くらいの湯に1分ほどつけて、毛穴を開く

05 ニワトリを湯から取り出して、毛をむしる。ゴム手袋をすると熱くなったニワトリを扱いやすい

06 毛をむしったらよく洗って、冷水に10分くらいつけておく。肉がしまり、さばきやすくなる

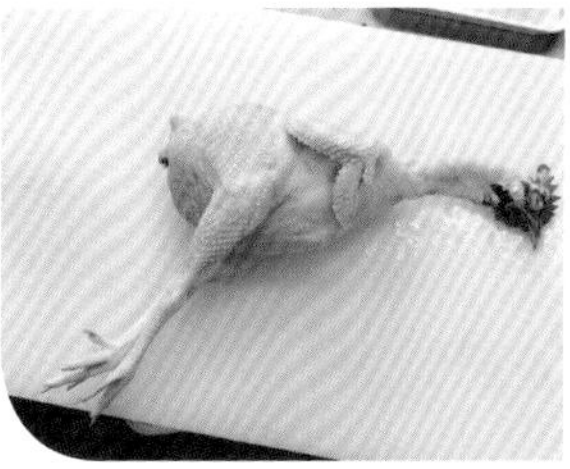

07 冷水で洗いながら細かい毛を抜き取ったら、大きなまな板に載せてさばく準備をする

手羽とムネ肉をとる

手羽とムネ肉は一体にした状態で胴体から外す。手羽の付け根に中指を入れて胴体を押さえ、もう一方の手で手羽をグッと引っ張ると、ムネ肉ごと胴体から外れる。モモ肉もそうだが、胴体から切り分けるというより、筋を切ってはぎ取る感覚

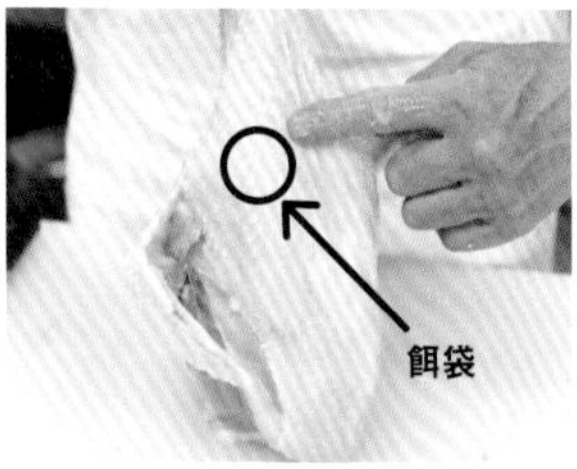

01 首の付け根の右側に餌袋があるので、それを破らないように左側から包丁を入れる

02 左側の首の付け根に包丁を入れ、頭の方向に向かって皮を切る

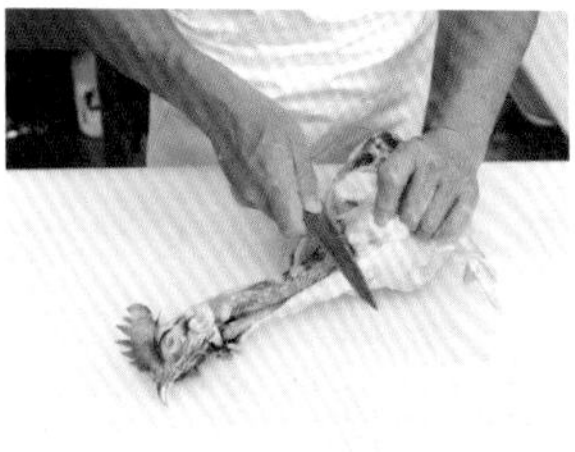

03 片手で左の手羽を引っ張り、手羽の付け根の関節に包丁を入れ、中の筋を切る

モモ肉の骨を抜く

胴体から外したモモ肉は、関節に包丁を入れて外側に"く"の字に曲げ、大腿骨を包丁の刃先で押さえながら肉を引きはがす。周りの筋を丁寧に切るのが上手に肉をはがすコツ。脛骨も同様のやり方で外し、最後に膝の部分に残る骨を丁寧に取り除く

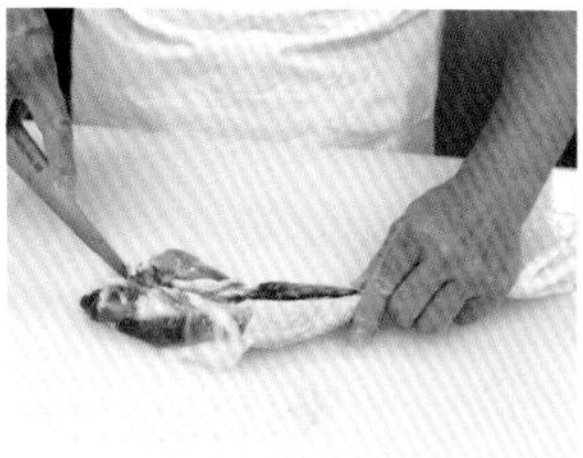

01 ももの内側を表にしてまな板に置き、足首からもも側へ包丁を入れ、骨と身を切り離す

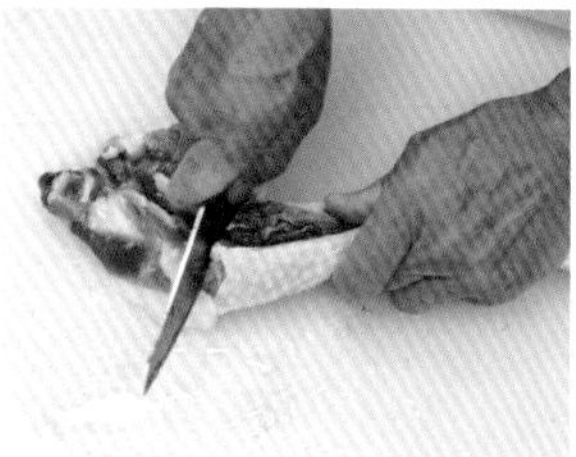

02 関節に包丁がスッと入るところがあるので、そこを切る

03 包丁を入れた関節を支点にして、ももを"く"の字に折り曲げ、関節の周りの筋を切る

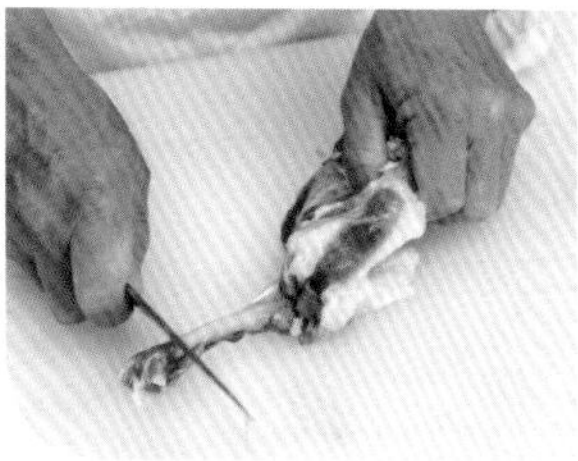

04 "く"の字に曲げた状態で大腿骨を包丁でしっかりと押さえ、ももを引っ張って外す

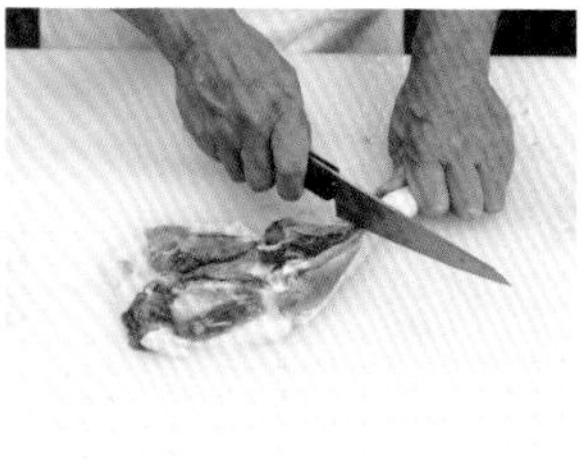

05 足首に力強く包丁を入れ、骨を折る

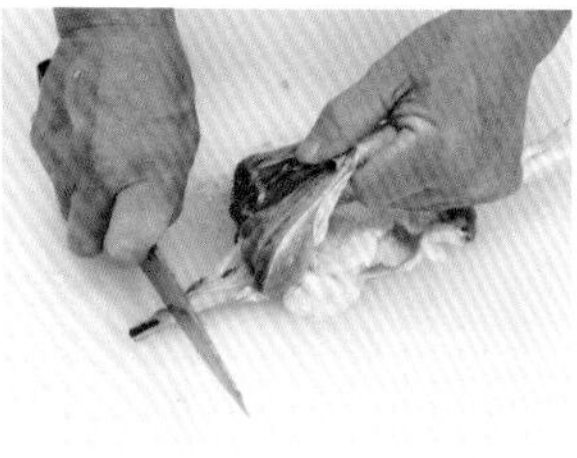

06 足首を持って脛骨を包丁でしっかりと押さえ、ももを引っ張って、筋を切り、肉から骨をとる

07 関節部に残る軟骨や膝に残る小さな骨を取り除き、モモ肉のできあがり

手羽とムネ肉を分ける

ムネ肉から手羽を切り離したら、手羽の関節の切れ目に包丁を入れて、手で関節を外し、手羽元と手羽先に分ける。関節の間に、ちょうど包丁が入るところがあるので、そこをうまく切ること

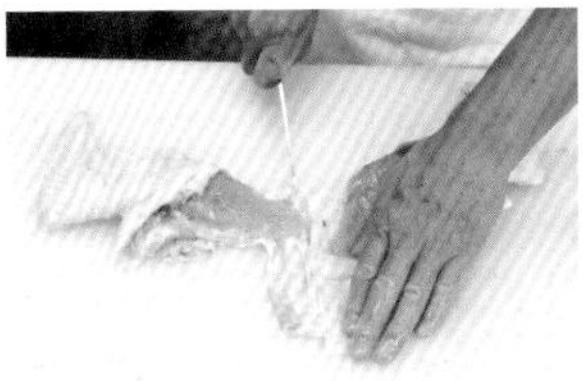

01 左右の手羽とムネ肉をつないでいる皮を切って分ける

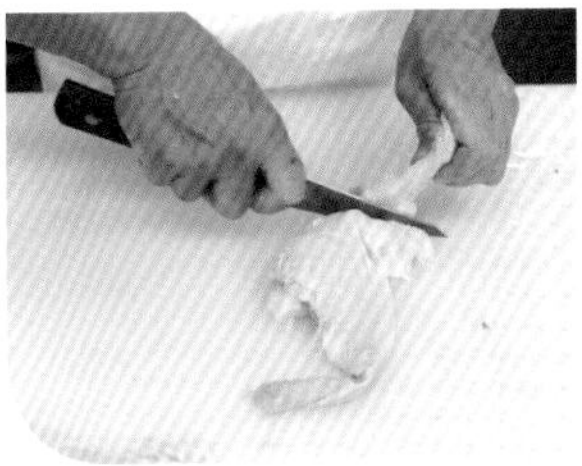

02 手羽の付け根の骨に沿って包丁を入れ、ムネ肉から切り分ける。これでムネ肉ができる

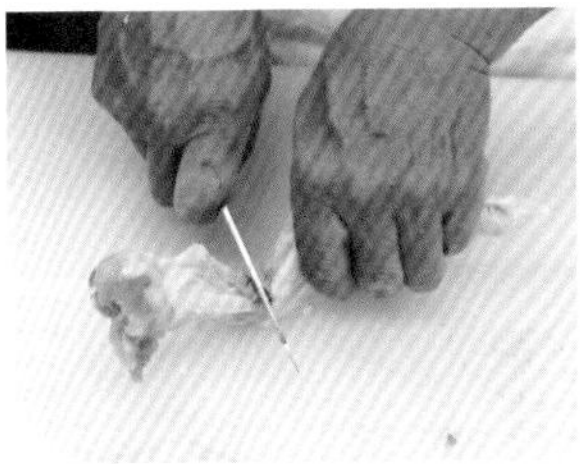

03 手羽中の関節に包丁を入れる。力まかせではなく、スッと包丁が入る場所がある

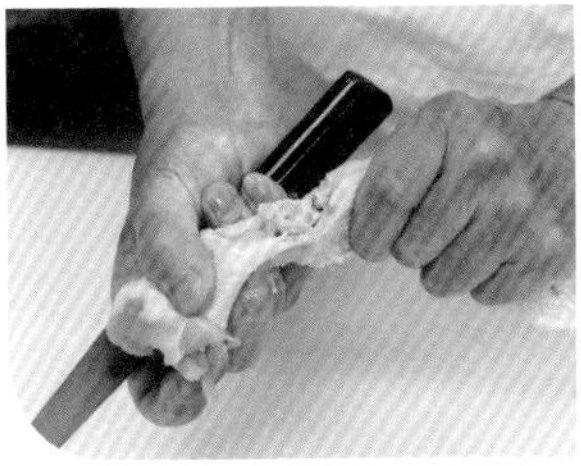

04 切れ目を入れた関節を、手で開くようにして外す

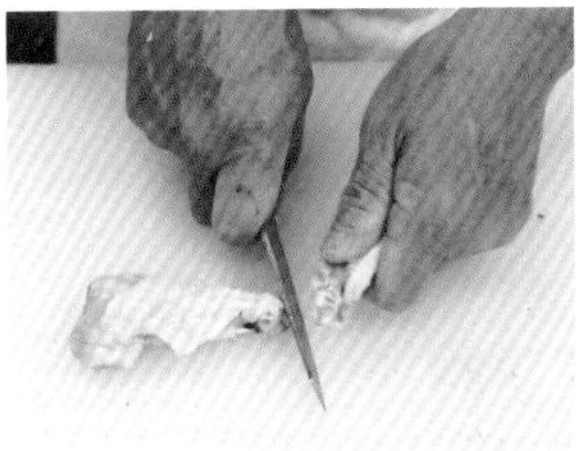

05 関節が外れたら、最後に包丁を入れて手羽元と手羽先を切り離す

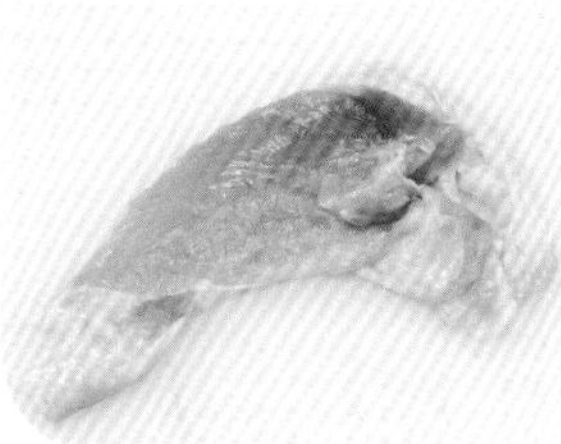

06 もう一方の手羽とムネ肉も同じように切り分けてとれた大きなムネ肉

07 左側が手羽先で右側が手羽元。このまま骨つきで料理するのが一般的

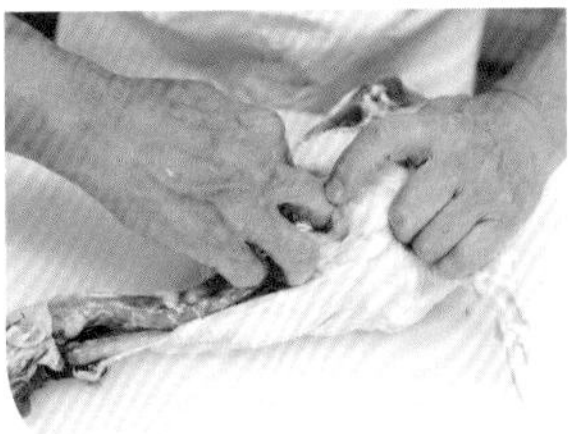

04 手羽の付け根に指を入れて胴体を押さえ、もう一方の手で手羽を持つ

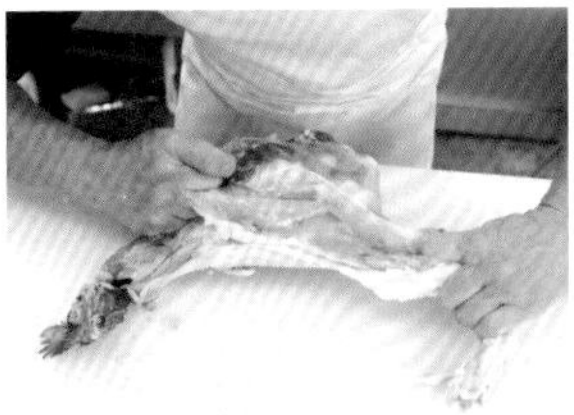

05 そのまま手羽を外側に引っ張るとムネ肉ごと胴体から引きはがすことができる

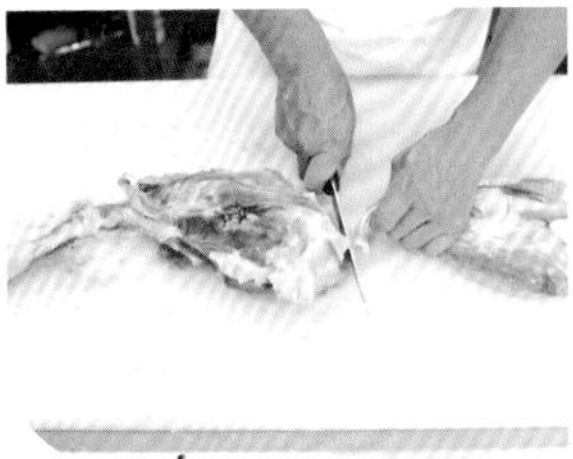

06 右側の手羽とムネ肉は餌袋を取り除いてから外し、最後に胴体とつながる皮を切る

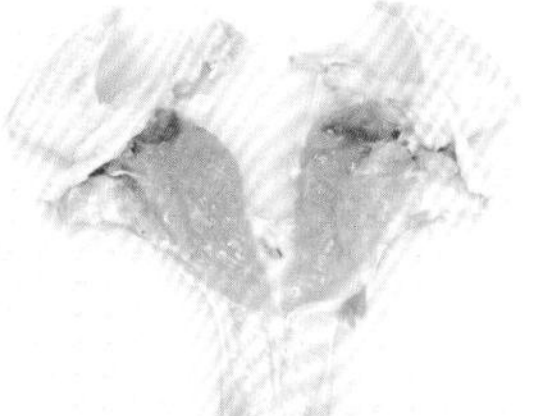

07 皮でつながった左右の手羽とムネ肉がとれる

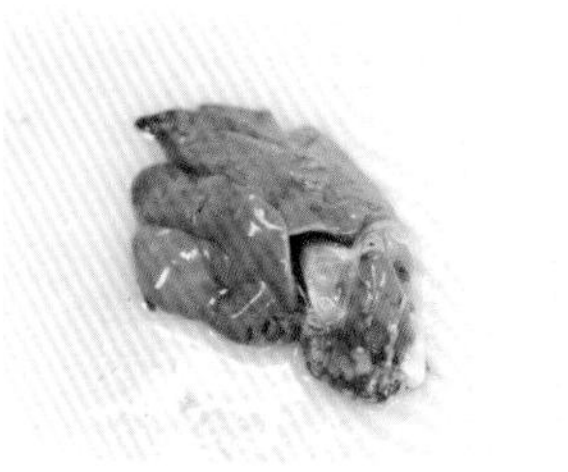

04 肝臓を持ち上げながら周りの薄皮を切り、心臓と一緒に胴体から切り離す

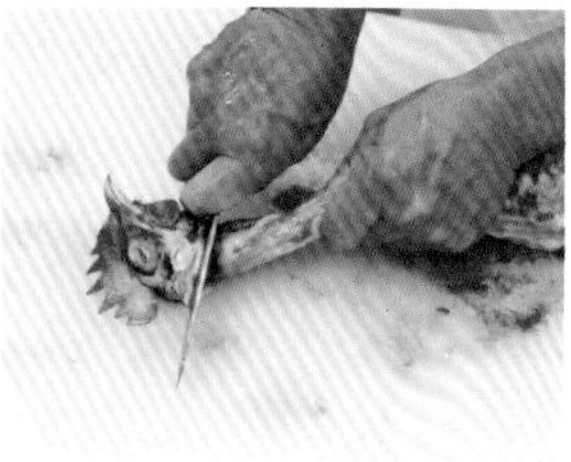

05 頭を落とす。首元に包丁が入るところがあるので、骨ごと切り離す

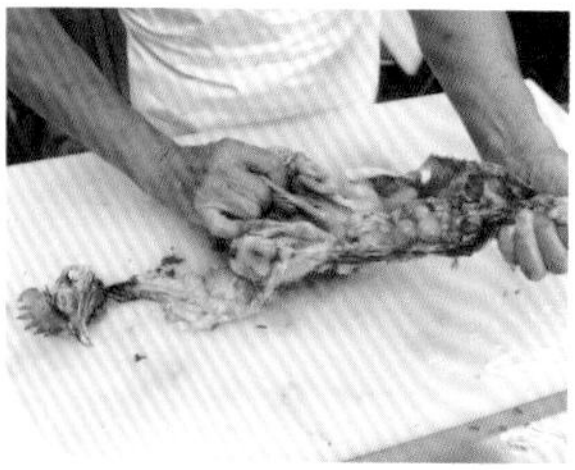

06 一方の手で首を持ち、もう一方の手で食道と内臓を包むように持って、一気にはがす

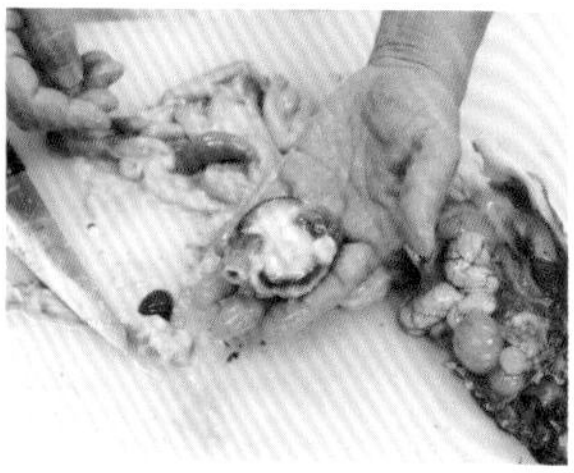

07 砂肝を取り出す。内臓の中で最も大きな部位なので、すぐわかる

ハツ、レバー、砂肝などをとる

内臓を圧迫したり、傷つけたりしないように、手で押さえるときは背骨や腸骨など、必ず骨の部分を持って作業すること。メスの場合はキンカン（卵巣）やタマヒモ（卵管）をとることができる。今後の飼育の参考にする上でも内臓の状態を観察しておくとよい

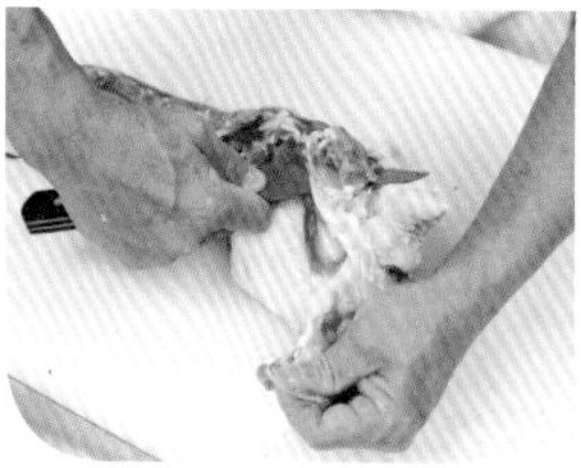

01 背中の骨に沿って包丁を入れ、横隔膜を引っ張りながら切り離す。左右とも行う

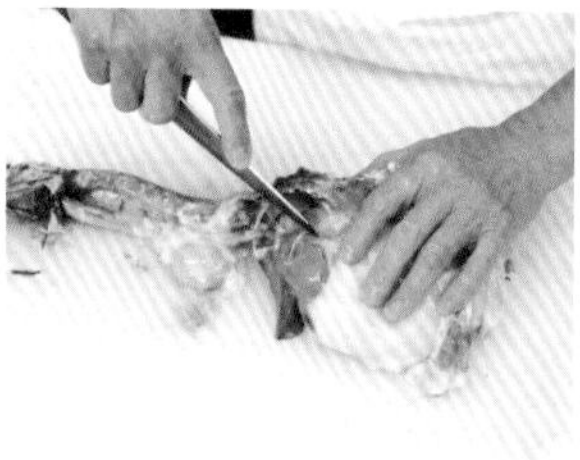

02 肝臓と心臓の周りについている薄い膜を切る。骨を持って押さえること

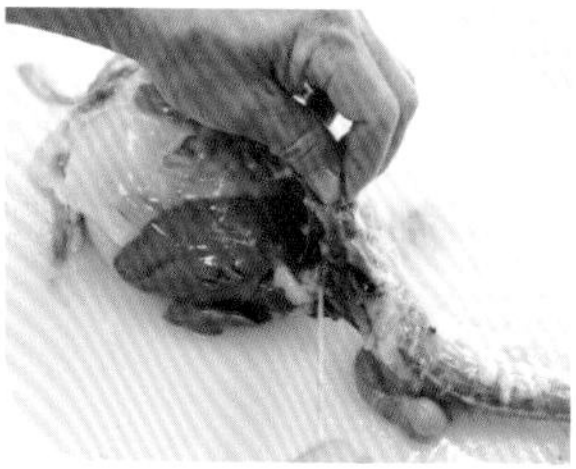

03 心臓の血管を切る。このとき見える緑色の部位は胆のう。苦いので破らないように

ササミをとる

ササミは胸骨についているので、まずその胸骨を胴体から外す。左右の肩甲骨に包丁を入れて筋を切り、胸骨を手に持って引っ張ると、簡単に胴体から外れる。その後、丁寧に包丁を入れてササミを外す

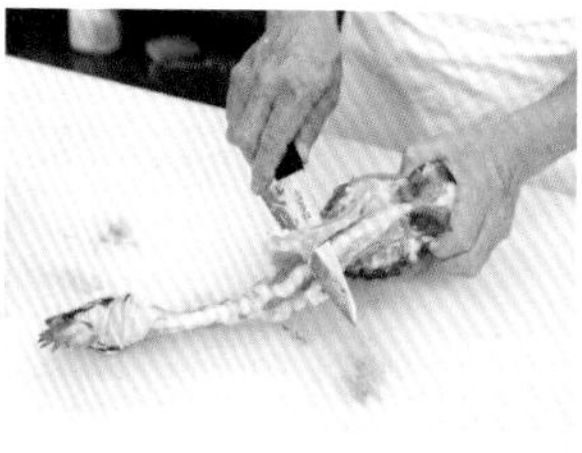

01 背中を上にして、両側の肩甲骨に包丁を入れ、胴体と切り離す

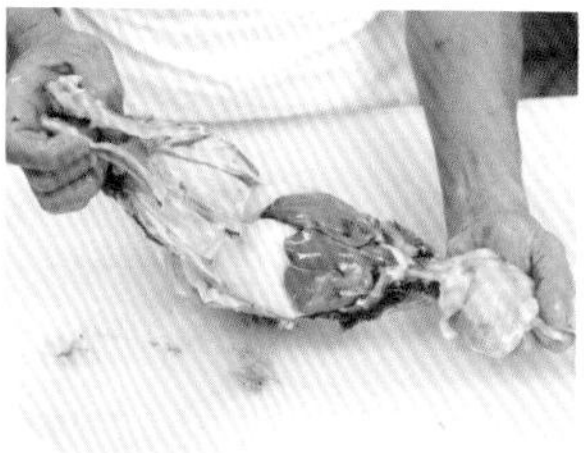

02 片手で首を持ち、もう一方の手で胸骨を引っ張って一気にはがす

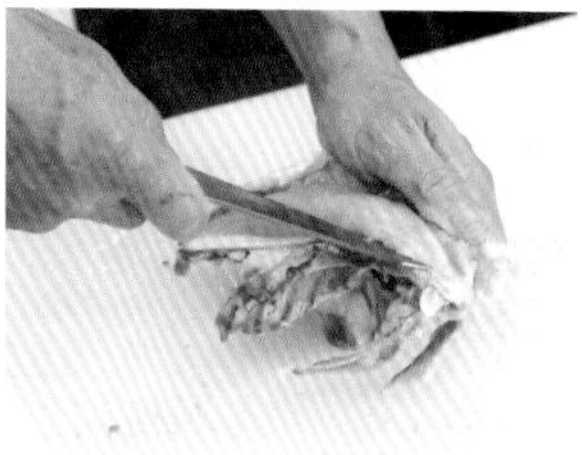

03 ササミの周りの薄い膜を切って、胸骨から取り外す。もう一方も同様にしてとる

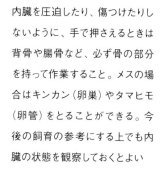

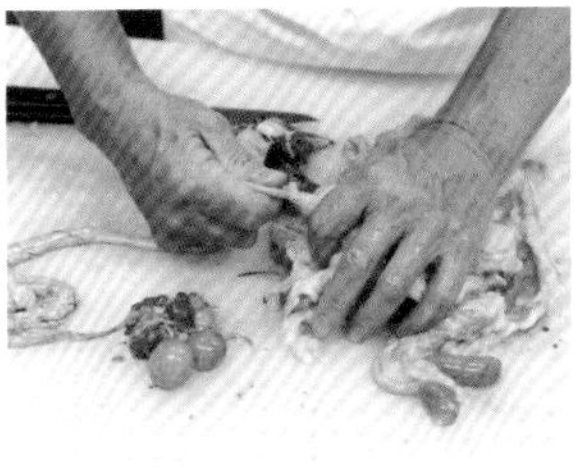

08 キンカン(卵巣)、タマヒモ(卵管)、背肝(腎臓)などを丁寧に切り離していく

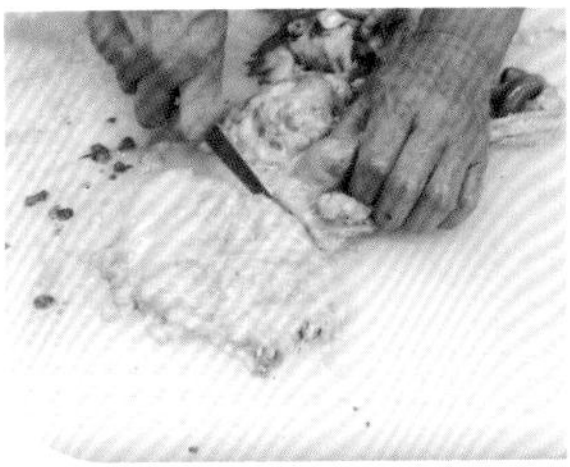

09 脂肪を切り離したら、残りの内臓はまとめて処分する

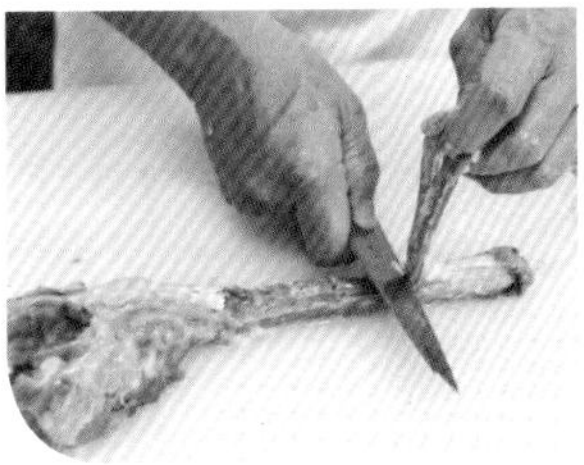

10 首の小肉(セセリ)を手で引っ張りながら包丁で切り取る。あまり肉はない

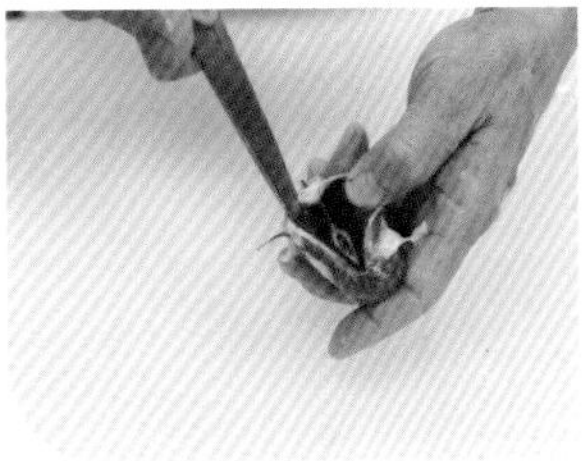

11 砂肝を処理する。縦に2cmくらいの浅い切れ目を入れ、指で割って開く

12 内側についている膜を内容物と一緒に手で引っ張ってはがす

13 側面の銀色の皮に包丁を入れて削ぎ取る

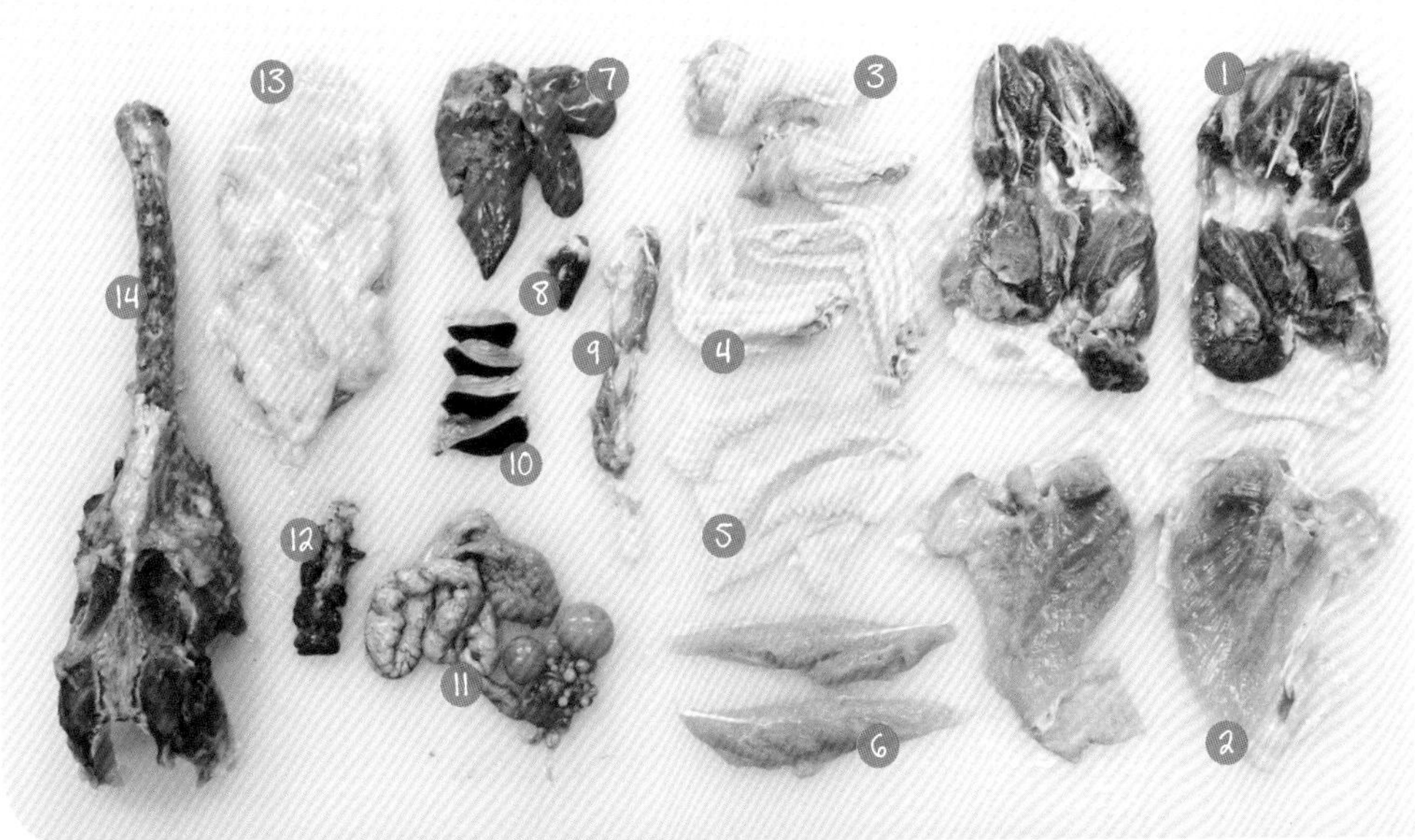

14 解体して部位ごとに分けた可食部。ニワトリは1年4カ月のメスのボリスブラウン。
❶モモ肉 ❷ムネ肉 ❸手羽元 ❹手羽先 ❺皮 ❻ササミ ❼レバー(肝臓) ❽ハツ(心臓) ❾セセリ(首) ❿砂肝(砂のう) ⓫キンカン(卵巣)、タマヒモ(卵管) ⓬背肝(腎臓) ⓭鶏油(脂肪) ⓮ガラ(骨と髄)

Essay

ニワトリのいる暮らしの楽しみ

自給的なアウトドアライフをやりたくて、
都会から田舎に移住し、ニワトリを飼い始めた筆者。
毎日、産卵箱を開けると産み落とされているニワトリの温かい卵。
飼育しているニワトリを肉にするときの決意。
外敵による壊滅的な被害。
そして、有精卵からヒナをかえす喜び。
ここでは、そんなニワトリと暮らす筆者の日々を、
庭先養鶏のポイントを交えて紹介します。

里山の田園風景が広がる筑波山麓の農村地帯。地域でニワトリを飼っている家は珍しくない

2011年　春
田舎に暮らす

2011年春。梅の花が咲く頃に、それまで暮らしていた東京郊外の住宅地から、茨城県筑波山麓の農村に移住した。

住まいは昭和初期に建てられたちょっと傾いた古民家で、古いなりに問題がいろいろあり、快適に住むには手直しが必要だったが、それはあまり問題ではなかった。なぜなら、都会を出て田舎に引っ越して来たのは、生活に必要なものをできるだけ自分たちの力でつくる暮らしをしたかったからだ。

家を直し、田畑で野菜や米を育て、麦からパンを焼く。寒い冬は薪ストーブを焚いて過ごし、ヤギやミツバチやニワトリを飼ってハチミツや卵を得る。そのどれひとつとして確かな知識も技術もなかったが、便利な都会に住んで店の棚に並んだものをお金で簡単に手に入れる生活より、自分たちで手足を動かして必要なものをつくり出す暮らしのほうが楽しそうに思えたのだ。

アスファルトとコンクリートに囲まれた都会の生活より、自然の中でアウトドアライフがしたかったというのもある。幸い仕事はフリーライターという自由業。どこに住んでも、まあ、何とかなる。

自給自足なんていう高邁な理想を持っているわけではない。そもそも今の世の中で自給できることなんてたかだか知れている。要は遊びなのだ。家を直すのも、野菜を育てるのも、ニワトリを飼うのも全部遊び。それが生活につながって、お金が節約できればなおうれしいというだけ。何事にせよ楽しくなくてはやる意味はない。そういう思いで田舎に来た。

庭に放すと1日中地面をひっかきまわしている。子どもにもよくなれていて、近づいても逃げない

2013年　秋
ニワトリをもらう

田舎暮らしを始めて3年目の秋に、近所で有機農家をやっているYさんから茶色いメスのニワトリを5羽もらった。このニワトリは、もともと別の養鶏農家が採卵のために飼育していたのだが、産卵率が落ちて処分する際にYさんが数羽もらい受けたものだ。

養鶏農家には大きく分けて2つのタイプがある。1つは、巨大な鶏舎の中に並んだ狭いかご（ケージ）にニワトリを入れて自動給餌機でエサをやり、効率的に卵をとるやり方。通常、数万羽から数十万羽という大規模な養鶏で、一般に売られている卵は特別な明記がない限り、ほぼ100%そういうニワトリによる卵だ。もうひとつは平飼いといって、鶏舎の中や屋外にニワトリを放し、自由に歩き回らせられるようにして飼う方法。効率的な飼育ではないかもしれないが、普通に考えてケージ飼いよりずっと健康的。どちらの卵を食べたいかと言われれば、答えは明白だ。ただ、そういう卵はちょっと高価で、日常的には手が出ない。

でも、自分でニワトリを育てれば間違いはない。別に健康志向ではないけれど、野菜でも卵でも自分でつくったものを食べられれば、それはうれしいことだ。

先述の養鶏農家はもちろん平飼い。Yさんちでは2坪くらいの小屋で十数羽を飼っていた。

産卵率が落ちて処分するニワトリを廃鶏という。一般的にふ化後2年程度でおさらばだ。ヒナから成鶏に育ち、卵を産むまで5～6カ月かかるので、実際に採卵するのは約1年半。

卵がたくさんとれるので自家製プリンとシフォンケーキがおやつの定番になった

ただ、産卵率が落ちるといっても、それは飼育コストの点で経済的な理由による。ニワトリの産卵のピークは、ふ化から210日前後。その後は徐々に産卵率が落ちていき、2年目以降は秋から冬にかけて2～3カ月の休産期間もあるため、そのまま育てるより新しいヒナを導入したほうが、効率がいいのだ。産業動物（家畜、家禽）の宿命ではあるけれど、生き物として効率を優先されるのは、ちょっと悲しいところである。

品種にもよるけれど、採卵用のニワトリは年間200～300個の卵を産む。廃鶏といっても、まだ2歳そこそこ。休産期間を除けば2日に1個どころかそれ以上の卵を産んでくれる。5羽いれば毎日2～3個はかたい。消費しきれなくても困るので、自給用として5羽は妥当なところだろう。

もらったニワトリはボリスブラウンという種類で、産卵性が優れることから養鶏農家にも人気が高い。ペットショップにもヒナがよく売っている。

ボリスブラウンは、昔から世の中にいた純血の種ではない。採卵を目的に人の手によってつくられた品種だ。専門的にはF1品種、実用鶏、コマーシャル鶏などといわれる。特定の両親をかけあわせてつくられる雑種で、雑種強勢という現象により一代目は両親の優秀な部分を現すが、二代目以降、その性質は継続しない。野菜なども同じで、トマトの「桃太郎」やトウモロコシの「ゴールドラッシュ」といった、スーパーに並んでいる野菜はたいていF1品種だ。その種をまいても同じものは決してできない。つまり、その育種法を握っている企業しかつくり出せないのだ。

日本の養鶏場のニワトリは、大半が海外で育種されたF1品種だ。卵を直接輸入しているわけではないが、大元はそういうことになる。加えて、飼料も輸入品種頼りだ。

わが家の畑のミニトマト。F1品種は品質が安定している。それは悪いことじゃない

ボリスブラウンは性格が穏やかなので、
子どもでも簡単に抱きかかえられる

肉や麦や大豆もそうだけれど、日本の食料自給率が低いのはご存じの通り。農業人口の減少など、いろいろ問題があるのはわかる。でも、自分たちの食べるものくらい、自分たちでなんとかしたい。ちょっぴりそんな思いがあって、ニワトリを飼って、野菜を育てて、ささやかながら食べ物を自給したいと考えた。あくせく働いてお金でものを買うより、できるなら自分でこしらえたほうがいい。やってみると、それが案外楽しい。

2013年　秋
ニワトリ小屋をつくる

ニワトリをもらうことになってから、多少でも飼い方を知っておいたほうがいいと思い「増補版 自然卵養鶏法」(中島 正著・農文協)を入手した。初版が1980年と古く、内容も本格的な農家向けで少し重いところもあるけれど、知識を得るにはよい本だ。平飼い養鶏のバイブルと言われているらしい。

その本によると、小屋の広さは10羽あたり1坪が目安とされている。もらったニワトリは5羽なので小屋は畳1枚分(0.5坪)とし、高さは人が入れるように約1.8m。土の地面に丸太の柱を埋めた掘っ立て小屋で、壁は金網にする。ニワトリは寒さには比較的強いが、暑さには弱いので風通しはよくしたほうがいい。

屋根は安く簡単に葺くならトタン板という手もあるが、あの青い波板は安っぽくてカッコよくない。そこで下地の板に防水紙を張り、幅15cm、長さ30cmほどの木っ端で板葺きに仕上げた。木っ端は雨に濡れてそのうち腐ってしまうだろうが、もともと捨ててしまう端材なのでかまわない。壊れたり、木が腐ったりしたら直せばいいのだ。

それから重要なのが外敵からの防御だ。私が田舎暮らしを始める数年前に、ある雑誌で取材した有機農家がニワトリを飼っていて、そのときこんな話をしていた。

「朝起きて、小屋に行くと50羽近くいたニワトリがほぼ全滅していたことがあるんだよね。イタチか、キツネかわからないけれど、穴を掘って侵入したみたいなんだよ。それから壁際にトタン板を埋めるようにしたの」

私がニワトリを飼い始めた後に本書の取材で聞いた話でも、第一章の守村大さんや設楽清和さんが先の有機農家と同じようにイタチやキツネにやられているし、監修をしていただいた今井和夫さんに至っては、クマに金網を壊されて侵入されたこと

庭にひょっこり現れたイタチ。かわいらしい姿をしているが獰猛な肉食獣。ニワトリにとっては大敵

があると話していた。

わが家の近くにクマはいないが、イタチはときどき庭に顔を出すし、タヌキやキツネも見たことがある。ハクビシンは姿さえ見せないものの、東京の住宅街にもいるというし、夏に畑のトウモロコシが食い荒らされていたのは植物食中心の雑食性であるハクビシンの線が濃厚だ。

ともあれニワトリ小屋の製作にあたって外敵の防御は最重要課題。小屋の壁際に深さ約20㎝で丸太やコンクリートブロックを埋め込んだ。

もらってきたニワトリを小屋に入れると、環境の変化に少しキョトキョトしていたが、間もなく足で地面の土をひっかきまわして何かをついばみ始めた。止まり木の上で、周りを観察しているニワトリもいる。当時3歳だった長男が足元の草をちぎって金網の隙間から入れると、すぐに食いついた。無表情だが黒い丸い目をくりくりさせて意外とかわいい。

ニワトリたちのことは総じてコッコと呼ぶようになったが、それ以上の名前をつけることはなかった。なぜなら、かわいいなんて言ってはいても、最終的には肉にして食べるつもりだったからである。

最初に建てたニワトリ小屋

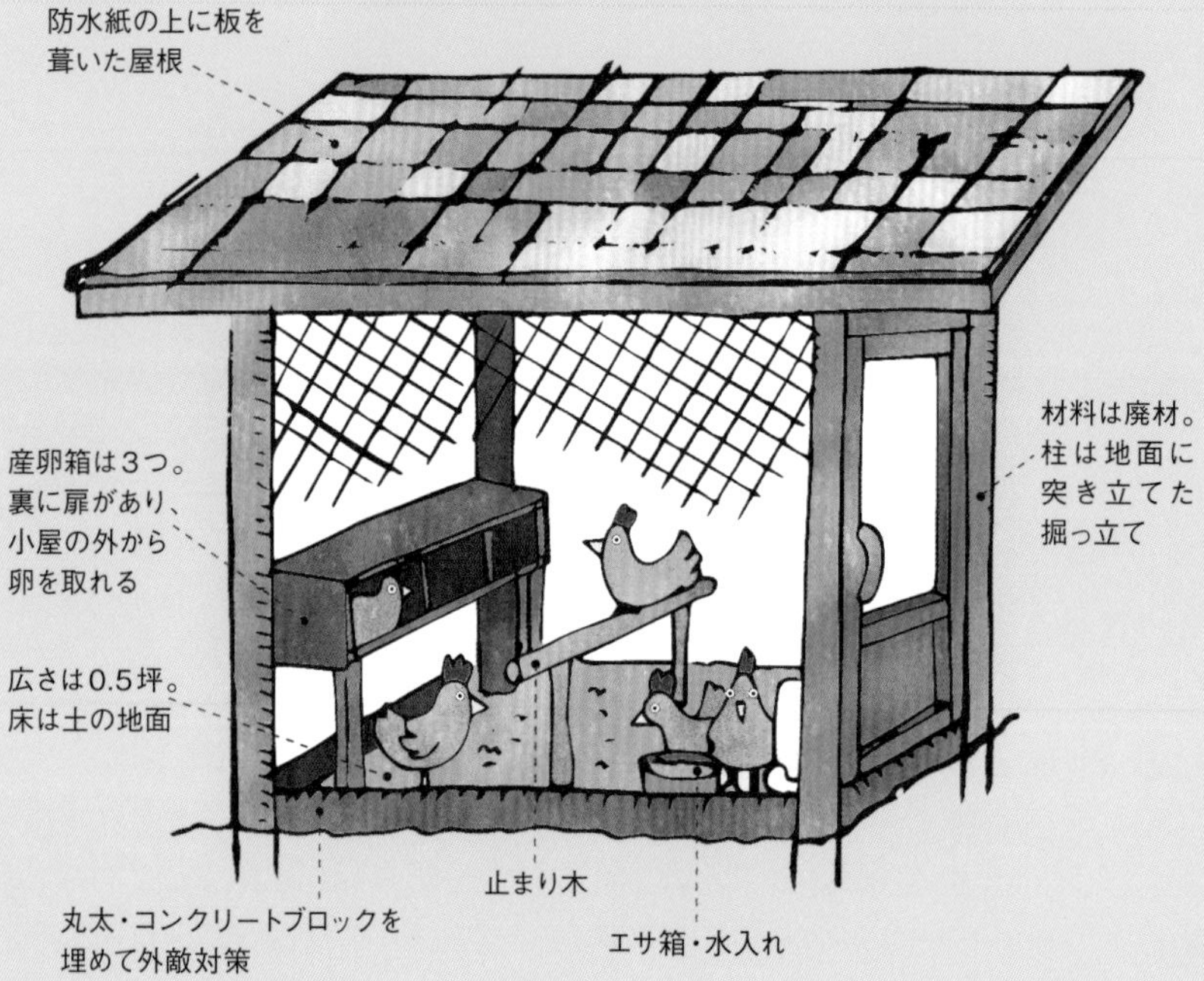

2014年 春
締めて肉にする

生き物は、ほかの命を自らの栄養にすることで生きている。私たち人間も例外ではない。でも、食事のときにそんなことはいちいち意識しない。パック詰めされた肉に在りし日のウシやブタやニワトリを想うことはないだろう。生き物を締める現場に立ち会わないと、そしてその肉を口にしないと、本当の意味

ニワトリのフルコース。肉はものすごく硬い

で命を食べるという意識は生まれない。実際に自分でニワトリを締めてそう思った。

　もらってきたニワトリの中に、ほとんど卵を産んでないのがいた。老鶏が混じっていたのだろう。わが家のニワトリはペットではない。それで、締めて肉にすることにした。

　小屋の扉を開け、その中から目当ての一羽を捕まえる。インターネットで調べたところでは、最初に首をひねって気絶させるようだが、くの字にぐにゃりと曲げても気絶する手ごたえがない。いっそのこと一息に首を落としたほうが楽なのではないか。

庭の木に吊るして血抜きする

そう思い立って、ニワトリの両足をひもで結んで庭の木の枝に逆さに吊るし、その下に薪割り台にしている丸太を置いてニワトリを押さえつけ、手斧でトン。ひもをグッと引き上げると、首のない逆さ吊りのニワトリは1分ほど血をまき散らしながら暴れたのち、完全に命を閉じて動かなくなった。

　血がほとんどしたたらなくなるまで10分くらいそのまま逆さ吊りにしておき、それから事前に大鍋で沸かしておいた湯に沈める。毛穴を開いて、毛を抜くためだ。ニワトリを湯に浸すと嫌な生臭さが漂った。ゴム手袋をしてぷつぷつと毛を抜いていく感触もあまり気持ちのいいものではない。ニワトリの体は足がピンと伸びて硬直している。大方の毛が抜けたら、流水で細かい毛を洗い流すと、そこにあるのはもうニワトリではなく肉だった。あとは内臓を取り除いて部位ごとにさばくだけ。

　ニワトリを締めるのは初めてだったけれど、そのことには何の抵抗もなかった。逆さ吊りの首がないニワトリが暴れたからといって戸惑いもしなかった。むしろ、自分のできることがひとつ増えたことがうれしかった。

　腹を開いたニワトリにキンカン（産卵前の卵黄）はなかった。やはり産んでいなかったんだ。

　初めてだったこともあり、肉をさばくのにたっぷり1時間以上かかった。それから、手羽はから揚げ、モモはロースト、ムネは親子丼、肝は焼き鳥など、それぞれ調理し、その日の夕食はニワトリ尽くし。いただきますの言葉にも心が込もる。

　手始めに最もおいしそうなモモのローストに食らいつく。「ん……」。硬い。ものすごく硬いのだ。肉というよりゴムのようで、今まで食べていたトリ肉とはまったく別物。あれはふ化後

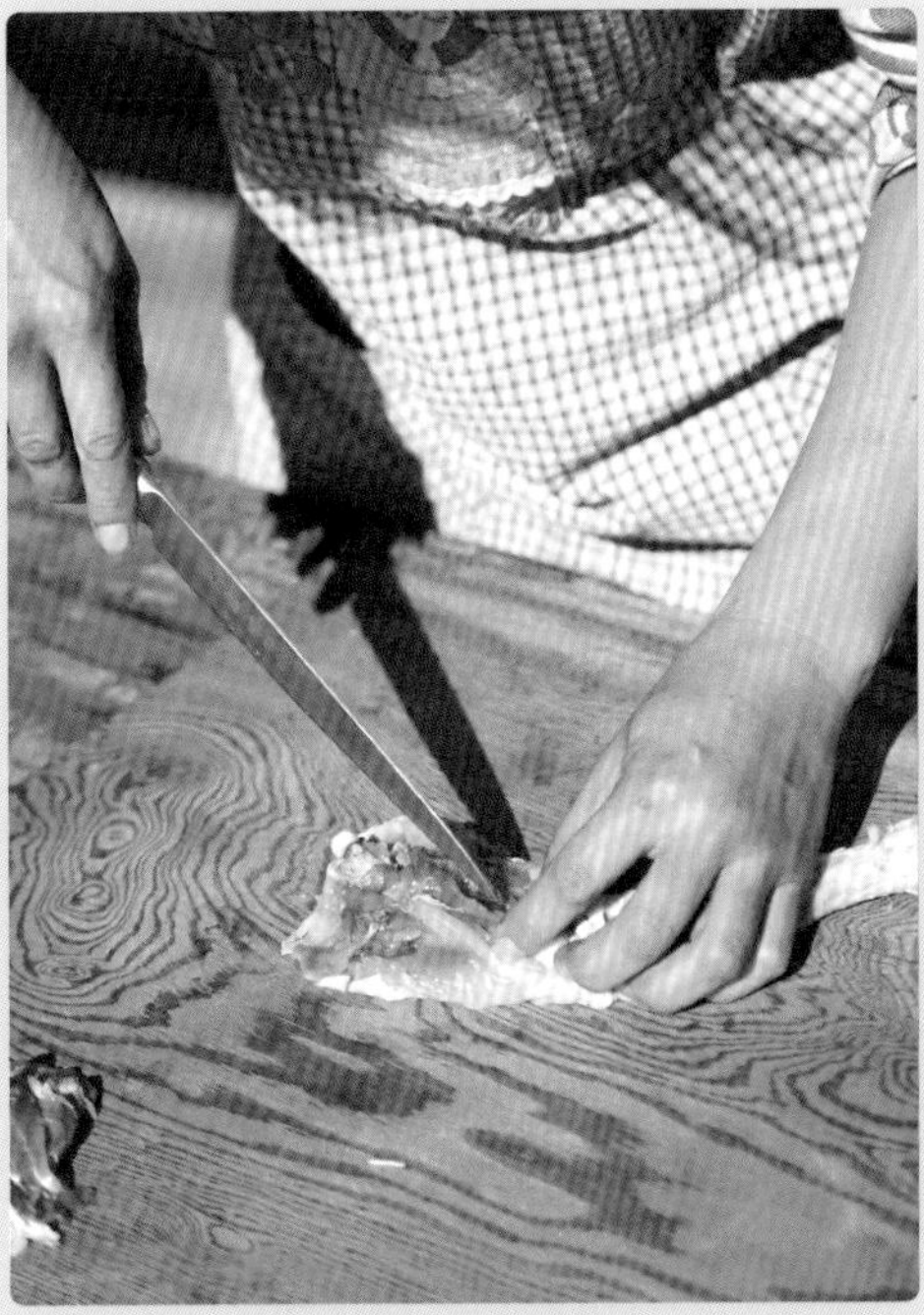
締めたニワトリは、部位ごとに肉をわける。
骨を外すのにコツがある

55日前後の若鶏だ。この日締めたニワトリはざっと5～6歳。肉は締まりに締まっている。情けないが人の手によって、食べやすくつくられた食になれた私の歯と顎では太刀打ちできない。結局、包丁で細かく切って口に放り込む。たくましく野性的な歯ごたえに、ちょっと敗北感。

2014年 春 卵とエサと放し飼いのこと

毎朝8時、私がニワトリにエサと水をやり、長男が産卵箱から卵を回収する。ちょうど産卵中だったりすると、長男はその様子をじっと見ている。ニワトリのほうは落ち着かないだろう。コロンと音がしてニワトリがその場を離れると、まだ体温が残る卵をすかさず取りあげ「温かいよ！」と、小さな両手で大事に包み込んでキッチンまで持ってくる。

ニワトリをもらったのがちょうど秋の休産期だったため、最初の頃は1個も卵を産まない日が続き、どうしたことかと思ったが、年が明けると産卵率は徐々に高まり、1日2～3個は確実に産むようになった。

ニワトリはオスがいなくても産卵する。なぜなら、それは人間でいうところの排卵だからだ。周期は24～25時間で、これは品種や年齢にもよるけれど、ピーク時であれば1日1個の卵を産むということ。逆にいえば、1日2個産むことはない。加えて、産卵は日長にも左右され、日の長い夏は、ほぼ毎日のように卵を産むが、秋は2～3カ月の休産期があり、それが明けても日が短い冬至前後はあまり卵を産まない。

ともあれ、卵の生産性があがったので、その卵を持って近所にあいさつをした。メスはほとんど鳴かないし、少数羽なので臭いも気にならないと思うが、今後のためにもこういうことはきちんと伝えておくに越したことはない。

「ニワトリを飼い始めたので、よろしくお願いします」と卵を持っていくと、「はいはい、知ってますよ。卵をたくさん食べられていいですね」とか、「昔は、この辺の農家でもみんな飼っていたんだけど、今は少なくなったよね」とか、「今度、畑のキャベツの葉っぱ持っていってあげるね」とか、みなさん悪くは思っていないようでよかった。

その後、ニワトリは、日中、庭で放し飼いするようになった。ときどきお隣さんの家まで遠征することもあるようだが、「庭にいたら棒でひっぱたいて追い返してかまいませんから」と言ったら、隣のおばちゃんは「別にかまいませんよ」とにこやかに笑っていた。こういうのは、田

庭に放しても、必ず群れで行動する。
日が暮れる前に自分で小屋に戻る

舎に限らず普段からの近所付き合いがとても大切。

ニワトリのエサは、近所のホームセンターで20kg1480円の配合飼料を買っている。5羽で1日どんぶり一杯。一袋で約1カ月もつ。毎日卵3個として、1個約16円。スーパーの卵より若干安いが、ニワトリを育てる手間を考えると、必ずしもそうとはいえない。でも、お金の問題ではない。自給するということに意味がある。その卵がどうやってできているかが重要なのだ。

まき割りをしていると、虫を探してニワトリが寄ってくる

理想を言えばエサも自給するべきで、実際、米ぬかで自家配合の発酵飼料をつくっていたこともあるのだが、材料集めの手間と保存性の問題で長続きしなかった。今は手軽な配合飼料に頼っている。米ぬかや古米が手に入ると、それをやったりもする。

その日、産卵するニワトリは午前中に卵を産み終わるので、午後には小屋の扉を開けて庭に放す。すると、あちらこちらの地面を足でひっかきまわし、自分たちでエサを見つけて食べる。ニワトリたちのお気に入りの場所は、畑の残渣やキッチンから出る生ゴミを堆肥化するために積み上げている堆肥小屋。小さな虫やミミズがわんさかいるし、発酵した有機物も好きらしい。

庭に隣接した畑はニワトリが入らないように柵で囲った。これをしないと野菜が全滅する。

column 1

ニワトリのエサについて

エサは自家配合が理想だけど……

本書では、ニワトリのエサは自家配合をすすめている。ホームセンターやペットショップで手に入る市販の配合飼料は確かに手軽だが、輸入される材料に遺伝子組み換えトウモロコシやポストハーベスト農薬の懸念があるからだ。実際、エサによって卵や肉の味わいが変わるのも事実で、それを最終的に食べるのは私たちなのだ。

とはいえ、趣味の庭先養鶏は人それぞれ環境や価値観が異なるし、いきなり自家配合はハードルが高い。なので72ページを参考に、まずは手に入りやすいエサをやろう。

市販の配合飼料について

市販の配合飼料は、1kgの小袋からあるが成鶏のメスで1日110g程度食べるので、10〜20kgの大袋の方が割安だ。また、ヒナ用のエサもある。消化器官が発達していないため食べやすいように粒が小さくなっていて、粗たんぱく質の割合が成鶏用より若干高くなっているのが特徴だ。

小屋の外からエサをやれるようになっている

【わが家の主なエサ】

畑にニワトリが入らないように廃材でつくった柵

柵は高さが1m50cmもあれば、飛び越えることはあまりないが、隙間があるとそこをくぐって侵入する。突貫工事で柵をつくったためずさんなところがあり、当初はしばしばニワトリの侵入を許してしまった。気がつくと畝は荒らされ、植えたばかりのキャベツの苗が食べられていた。

棒を持って追い払うのだが、しばらくするとまた畑に侵入しているのだ。雑草はその辺にいくらでも生えているのだが、ニワトリもおいしいものをよく知っている。

2014年　秋
ヒナを入手して育てる

5羽いたニワトリは、早々に1羽を肉とし、その後しばらく4羽体制を維持していたが、その年の秋に1羽体調を崩して死んでしまった。

少し動きがにぶいと思ったら、そのうち小屋の隅でじっとしているようになり、エサもほとんど食べなくなった。排泄がうまくできないようでお尻がひどく汚れていた。原因は詳しくわからないが、卵墜症かもしれない。外部からの衝撃で卵黄が本来通るべき輪卵管ではなく腹腔に落ちて、腹膜炎を発症してしまうのだ。卵墜症が起きると、急に元気がなくなり、トサカは紫色に変色して、小屋の隅に佇立するようになる。回復は難しい。

こんなときイヌやネコなら獣医に診てもらうが、家禽であるわが家のニワトリにその選択肢はない。何日か様子を見ていたが状況は変わらず、これ以上おいても回復しそうになかったので、小屋から出して首を落とし、楽にしてやった。

5羽いたニワトリが1年と経たず3羽になってしまった。加えて休産期に入り、夏の間は食べきれなかった卵をスーパーで買う始末。これではいけないと思っていたところ、よく行く大型ホームセンターのペットコーナーで名古屋種（名古屋コーチン）のヒナが売っていたのを見つけ、衝動的にメスを2羽入手した。

入手したのが11月の末だったため寒さが心配だったが、物置に転がっていた水槽を育すう箱にして、薪ストーブを焚いた部屋の中に置くと、2羽のヒナは寒がる様子もなく、よくエサを食べてすくすく大きくなった。

1カ月も過ぎると、若羽も生え揃って、もう黄色いヒヨコの面影はない。いつまでも部屋の中には置いておけないので、試しに3羽の成鶏と同じ小屋に入れてみた。途端に若い新入りは一斉攻撃を受ける。小屋の隅に追いやられてくちばしでつつかれどうすることもできない。体つきが違いすぎて、圧倒的な力の差がある。これはダメだとすぐに救出し、もう少し大きくな

ホームセンターで入手した名古屋種のヒナ。
ワクチン接種済みで1羽1000円程度

ヒナから育てた名古屋種のメス。ボリスブラウンに比べて体つきがよく、毛色は黄色がかっている

るまで以前つくったチキントラクター（除草させるための移動式ニワトリ小屋。89ページ参照）を小屋代わりにして育てることにした。

約1カ月後、週齢的には大ビナの段階に入り、体もかなりしっかりしてきた。ピヨピヨという鳴き声があどけなさを残すが、チキントラクターも狭くなり飼っておく場所もないので、ふたたび成鶏のいるニワトリ小屋に放り込んでみる。案の定、古参の成鶏は新入りを排除にかかる。ニワトリは閉鎖的な生き物なのだ。いじめさせたくなければ、完全に小屋を分けるしかない。実際、養鶏農家は群れを混ぜるようなことはやらない。でも、家庭で飼うのにそんな手間はかけられない。うまくやってもらうしかない。

新入りも以前に比べれば体はしっかりしているし、数的にも2対3なのでなんとか逃げ回っている。前回のように追い詰められて一方的にやられるような展開ではない。まぁ、死ぬようなことはあるまいと思い、そのまま放っておくことにした。新入りには悪いが少し耐えてもらうしかない。

いじめが見られなくなったのは3日目だ。新たな卵の供給体制がここに整った。

2016年　春
オスを導入する

2015年秋、拙著『ニワトリと暮らす』が発売された。その取材で、監修の今井和夫さんをはじめ愛鶏家の方々の話を聞くうちに、私のニワトリへの興味はますます高まっていた。もっといろいろな品種を飼ってみたいと思ったし、ヒナもかえしたかった。

世界中には約200の品種（在来種）がいるとされている。実養鶏を加えればその数はどれほどか知れない。それぞれ見た目や性格が違うから、いろいろ飼ってみるのはきっと面白い。マニアもいるし、江戸時代にはチャボの飼育が流行っていたという。その凛々しい姿や天に響くような雄鶏の鳴き声も魅力だ。ニワトリにはペットや家禽というのとは、ちょっと違う育てる楽しさがある。イヌやネコなどに比べて、手軽に飼えるのもいいところだ。

それで、2016年の春に名古屋種を買ったホームセンターで、アロウカナと岡崎おうはんのメスを1羽ずつ、名古屋種のオスを1羽入手した。アロウカナはチリ原産の品種で、殻が薄い緑色をした珍しい卵を産む。毛色は白、黒、茶とあるようだが、わが家のは茶色だった。頬の毛がカールしたおしゃれさんである。岡崎おうはんは横斑プリマス・ロックのオスと、ロード・アイランド・レッドのメスを交配した実用鶏。卵肉兼用種

アロウカナ。少し神経質で人なれしていない

でほかのニワトリに比べて丸々としており、肉づきがいい。

　オスを導入したのはもちろん有精卵を得るためだ。栄養的には無精卵と変わらないが、ヒナをかえしてみたい。そのためには親鶏の抱卵も必要だ。ただ、品種改良されたニワトリは就巣性を失っていることが多く、卵を抱かない。ボリスブラウンは種の存続という生き物にとって最も重要な本能をもたない悲しいニワトリだ。ふ化にはふ卵器を使う方法もあるが、とりあえず名古屋

名古屋種のオス。まだ大ビナで成鶏になっておらず
トサカも体つきも小さい

種とアロウカナに期待した。

　オスを飼えば早朝に甲高い鳴き声が響く。第一声は4時前だ。でも熟睡していれば、まったく耳に入らない。通りを走る車の音や都会の街の喧騒には不機嫌になるけれど、田舎暮らしの朝のニワトリの鳴き声はすがすがしい。

2017年　春
野犬の襲撃

　事件は、名古屋種のオスらを迎え入れて1年が過ぎようという春に発生した。朝5時頃、ニワトリ小屋からコケー、コケー、コケーっとけたたましい鳴き声がして目を覚ました。危険を感じたときや、興奮したときに発する声だが、普段とはちょっと様子が違う逼迫した叫び。続いて、ガタガタ、ガリガリっと何か大きな生き物が暴れる気配。やばい。ニワトリが何かに襲われている。

　窓のブラインドを上げ、小屋のほうを見て青ざめた。1匹のイヌが金網を破って中に入り、小屋の周りにも興奮した3匹のイヌがいる。中型犬サイズで毛はぼさぼさ。明らかに飼いイヌではない。野良イヌというより野犬と呼んだほうが相応しい。どうするべきか。イタチやキツネなどの小動物とは違い、追い払って逃げるとは限らない。逆に人間に向かってくるかもしれない。相手は飢えた野犬で、しかも4匹。選択肢は2つ。追い払うか、野犬が去るのを待つか。考えている時間はない。材木置き場から丈夫そうな角材を手に取り、「クワーッ!」と大声を出しながら、ニワトリ小屋に近づいていった。向かってきたらどうしようかという不安もなくはなかったが、そしたら角材を武器に戦うしかない。小屋の外にいた野犬がこちらに気づいた。もう一度「クワーッ!」と大きな声で威嚇する。すると、野犬は危険を感じてくれたのか踵を返し、隣接する栗畑のほうに去っていった。

　ひとまずホッとしたが、小屋の中は散々たる様子。名古屋種のメス1羽とボリスブラウン2羽が死亡。名古屋種のオスは群れを守るために果敢に立ち向かっていったのだろうか。大きな外傷はなさそうだったが、うつぶせたままもがいていて立ち上がれなかった。結局、その日の夕方に死んでしまった。残ったのは名古屋種のメスとアロウカナと岡崎おうはんとボリスブラウンがそれぞれ1羽ずつ。飼育数の増加にともなって、1坪サイズの小屋を新設したのだが、金網の固定が甘く、そこを壊されてしまった。不幸中の幸い

だったのはやられた4羽のうち半分は、もうほとんど卵を産まなくなった古参のボリスブラウンだったことだ。

死んでしまったニワトリはたい肥小屋に積み上げた落ち葉の下に埋めた。半年もすれば微生物によって分解され、骨だけ残して消える。そのたい肥は畑の土を豊かにし、野菜を育てる。その野菜を私たちやニワトリが食べる。野犬にやられたのはくやしいが、命はそうやって循環するのだ。

壊された金網。
板との固定が
甘かった
1匹が小屋に侵入し、
3匹が小屋の外で
興奮していた

2020年　春
ふ卵器でヒナをかえす

野犬の襲撃を受けたニワトリ小屋は、腰板（壁の下の部分の板）を少し立ち上げて、金網を頑丈に張り直した。その後、外敵の襲撃は受けていない。

名古屋種とアロウカナに抱卵させて、有精卵をふ化させる作戦はうまくいかなかった。名古屋種はまったくその気がなく、アロウカナは何度か卵を抱いたけれど、いつも途中で放棄してしまう。それで、ふ卵器の入手を検討していたのだが、妻の知り合いで持っている人がいて、それを借りることができた。

借りたふ卵器はいっぺんに24個の卵をセットできる。それで、この日から回収した卵は、常温で保存し、9日で24個集めた。

有精卵は産み落とされたそのときから生命活動がスタートするのではない。温度や湿度など、環境が整わないと命は動かない。産卵後時間が経つと劣化するが、1週間程度なら待っていてくれる。

集めた卵をふ卵器にセットし、湿度を保つための水を注入してスイッチを入れると、小さなモニターに日付をカウントする0が表示された。この日から数えて21日目にヒナがかえる。温度は37.5度。湿度は約70%。

ふ卵器を使うのはこの温度と湿度の維持と転卵のためだ。転卵とは読んで字のごとく卵を転がすことで、親鶏は足でそれを行う。転卵をしないと卵の中の胚が殻の幕にひっついて死んでしまうのだ。ふ卵器は20〜30分おきに卵トレーの角度が変わるようになっている。

ふ卵器を始動させて18日目に検卵。暗い部屋で卵に光を当てると中が透けて見える。大きな影が見えれば正常に発育している。本来は1週間程度で一度検卵し、有精卵と無精卵を見極めるのだが（このとき有精卵は血管の発達が見られる）、今回はやらなかった。18日目の時点で正常に発育していたのは10個。ほかは無精卵だったのか、途中で発育が止まってしまったのかはわからないが、ダメだった。

ふ化まであと3日。ここで転卵は中止し、稼働するトレーを外してふ卵器の底に卵を並べておく。

20日目の夜9時頃。4個の卵に嘴打ちによる小さな割れがあるのを発見。ときどき卵がフルフルと揺れる。中でヒナが動いているのだ。ただ、それから2時間経っても米粒ほどの割れは、それ以上大きく広がらなかった。

嘴打ちからふ化まで、1日以上かかることもある。早ければ今夜出てくるかもしれないが、それがいつになるかはわからない。見守っていたい気持ちもあったが、睡魔には勝てず、ヒナを入れる育すう箱だけ用意して、その日は眠ってしまった。

早朝のまどろみの中でピーピーピーと何かを求めるような高い鳴き声が聞こえ、目を覚ましたのは朝の4時半。ふ卵器をのぞくと、2つ卵が割れていて、かえったばかりのヒナがうつぶせで鳴いている。2羽ともピンク色の肌に濡れた羽毛がまとわりついていた。ふ卵器の中から優しく取りあげて、育すう箱に移し、電球を灯して保温。昨晩、嘴打ちのあった残りの2個も割れが広がっている。もうすぐだ。いいぞ。

割れ目が広がり始めると、そこからの展開は早い。ヒナは小さなくちばしを使って、硬い殻にぐるりと一周ヒビを入れ、卵の中で丸まっていた体をゆっくりと伸ばすようにして殻を広げ、全身全霊で外の世界に出てくる。

ふ卵器に卵をセット。21日後がとても待ち遠しい

卵からヒナがかえることは知識の上ではだれでも知っている。でも、実際にヒナがどうやってかえり、ニワトリに育つのか。そこに私は興味を持つ。命が生まれる瞬間は喜ばしい。

ちなみに、卵の黄身も白身もヒナにはならない。これらはヒナの栄養で、有精卵の黄身に浮かぶ小さな白い丸い点が胚でそこから命が生まれる。ますます不思議で神秘的。

2021年 春 わが家のニワトリたち

2021年春。わが家には7羽のニワトリがいる。

名古屋種のオスが野犬にやられたあと、近所でニワトリを飼っている人にボリスブランのオスをもらった。こいつはかなり攻撃的だ。私が近づくと羽毛を逆立て、足の鋭い爪を立てて飛びかかってくるのだ。群れを守るリーダーとしては合格だが、もう少し飼い主に懐いてもらいたい。残念ながら、ニワトリはイヌやネコのようにはしつけられない。

メスは世代交代が進み、最も古いのは5歳のアロウカナ。1羽残っていた最初期のボリスブラウンは老衰か病気かわからないが、元気がなくなって死んでしまった。

名古屋種も同様に死亡。ニワ

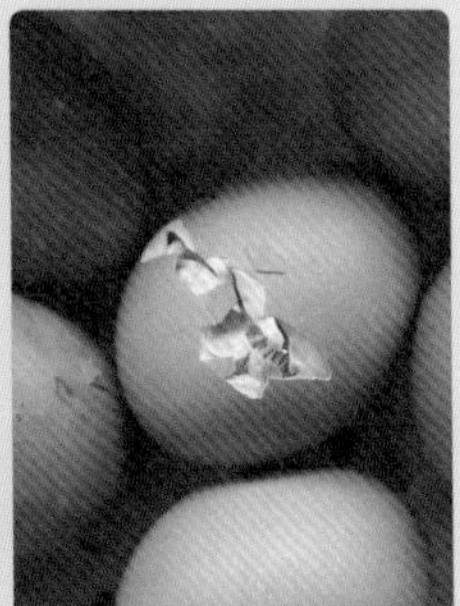

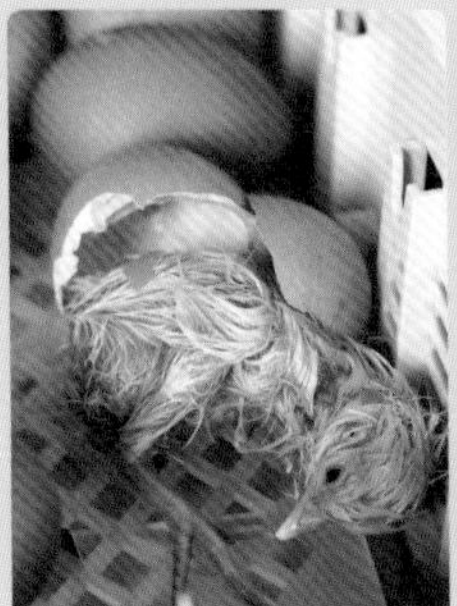

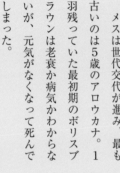

家の中を行進するヒナたち。温かい陽だまりが好き。このかわいらしい姿をしているのは10日ほど

トリの病気はいろいろあるが、素人に原因を特定するのは困難だ。ただ突然死ぬということはなく、小屋の隅でうずくまって、動かなくなりゆっくりと命を閉じていく。

岡崎おうはんは事故死。鳥小屋には、ヒナ飼育用の小部屋があるのだが、その扉に首を挟めてしまったのだ。

ふ卵器でかえったのは結局8羽。ヒナのうちに4羽はもらわれていき、2羽は死んでしまった。残った2羽は運よく両方ともメスだったが、1羽はまったく卵を産む気配がなく、小屋の群れにもなじめなくて、徹底的にいじめられてしまう。生まれつき足を引きずっていて、成鶏には育ったものの弱々しかったので、肉にして食べてしまった。

ニワトリさんありがとう。ごちそうさま。

ということで、ふ化して残ったのは結局1羽。

それから、養鶏農家から新たにもらった廃鶏のボリスブラウンが2羽いて、ホームセンターで買ったウコッケイが1羽。そのウコッケイが抱卵してふ化したヒナが育ったメスが1羽いる。

ヒナをかえすならウコッケイはいい。産卵箱に卵を置いておくと、すぐに抱卵する。ただ、家族計画をきちんと立てないとばんばんヒナがかえって面倒なことになるので（確率的に半分はオスだ）、卵はすぐに回収して抱卵させないようにしている。

これが今、わが家で飼っている7羽のニワトリたちだ。

10年前、自給的アウトドアライフがしたくて田舎に来た。1年目に家を直し、2年目に畑を開墾し、3年目にニワトリを飼った。以来、そのニワトリたちは、わが家の暮らしに欠かせない存在になっている。

今、ニワトリ係は5歳の次男。朝のエサやりと水やり、卵の回収をする

畑の野菜は有機無農薬。薪ストーブの甘い灰と鶏フンが栄養のすべてだ。卵はほぼ100％自給。消費し切れないときはご近所さんと物々交換。カキや、クリや、アユや、ときにはメロンなんかに変わったりして、ニワトリに感謝する。

命の誕生の喜びと生き物を食べるという意味を考えさせてくれ、今も最後は食べるぞと言ってはいるけれど、卵を産み続けてると締められず、なんだかんだ情もわいてきて、結構かわいがっていたりする。

家禽であるニワトリはとても

役に立つ生き物だ。それが家庭で手軽に飼えるという点で、ほかの多くの家畜とは違う。田舎で自給的アウトドアライフをやるならニワトリを飼わない手はない。ポストに届く大切な人からの手紙を待つように、毎日、産卵箱を見るのが今の私の楽しみだ。

とさかの大きな白いニワトリがオスのボリスブラウン。奥の白い2羽は卵からヒナをかえした雑種

column 2

鳥インフルエンザについて

鳥インフルエンザが発生しやすい環境とは？

ニワトリの病気で広く知られているのは鳥インフルエンザだ。

冬にシベリアや朝鮮半島から飛来する渡り鳥によって持ち込まれるケースが多く、野鳥との接触やウイルスに感染した野鳥を食べた小動物などが媒介する。ただし多くの場合、野鳥に感染した時点では無害。ウイルスが高密度の養鶏場に侵入し、感染していく過程で致死率の高い高病原性鳥インフルエンザに変異するのだ。

庭先養鶏においてそれが怖いのは、発生した場合、周辺の養鶏場などに移動制限が講じられ、地域的、業界的に大きな被害をおよぼすおそれがあるからだ。

鳥インフルエンザの対策

鳥インフルエンザの対策としては野鳥や小動物との接触をさけることだが、ウインドウレス鶏舎（窓のない閉鎖型鶏舎）でも発生しているように、ウイルスの侵入を完全に防ぐことは難しい。

むしろ、そういう密飼いの養鶏場で鳥インフルエンザは猛威を振るう。過密なうえに飼育環境が悪いため、ニワトリの免疫力や抵抗力が落ちており、ウイルスが急激に広がってしまうのだ。

庭先養鶏でもネットを張るなどして野鳥や野生動物との接触を避けるなど対策は必要だが、風通しのいい運動できる環境で、健康的に育てることが何よりも大切である。

【鳥インフルエンザの感染経路】

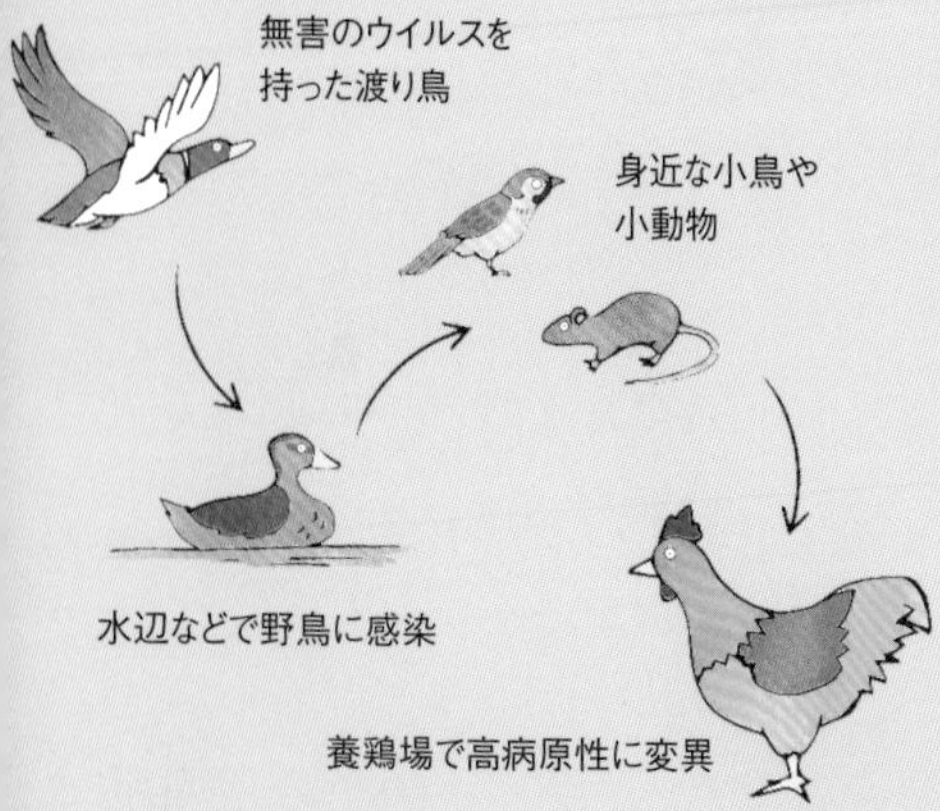

もっと知りたいニワトリのこと

ニワトリの品種は200種類にのぼるといわれますが、
起源をたどれば東南アジアに生息する1種類の野性のニワトリです。
それがどのように世界に広がり、卵や肉を効率よく生産するようになったのでしょうか。
食べるためだけではありません。日本では姿の美しさや声の長さも珍重され、
天然記念物に指定されているニワトリがたくさんいます。
知っているようで知らないニワトリのこと。その歩んできた道のりを紹介しましょう。

ニワトリの歴史

ニワトリの歴史は今から8000～9000年前にヤケイを家禽化したことに始まります。ニワトリの誕生と世界への伝播をひもときます。

ニワトリの祖先 セキショクヤケイとは

ウシ、ブタ、ヒツジ、ニワトリなど、長い歴史の中で人の手によってつくりだされた家畜や家禽には、そのもとになった野生種が存在します。たとえば、ウシはユーラシア大陸や北アフリカに生息していたオーロックスという野性のウシが原種です。ブタは日本でも身近なイノシシを家畜化したものです。そして、ニワトリはヤケイといわれる野性のニワトリの一種で、南アジアから東南アジアにかけて生息するセキショクヤケイが祖先といわれています。

ニワトリは、キジ科ヤケイ属に分類される鳥類です。広く見ればキジの仲間ですが、ヤケイ属としては、ニワトリ以外にはその祖先といわれるセキショクヤケイを含めて4種しかいません。インド南西部に生息するハイイロヤケイ、インドネシアのジャワ島からアロール島に分布するアオエリヤケイ、スリランカだけに生息するセイロンヤケイです。

4種のヤケイは、さらにルーツをたどれば共通の祖先に行きつくと考えられますが、その中でもセキショクヤケイだけが家禽化されたのは、ほかの3種のヤケイに比べて極めて広範囲に生息し、多様な環境に対して優れた適応性を備えていたからだと思われます。

セキショクヤケイがどのような鳥か説明しましょう。体はニワトリに比べると小柄で、頭部が小さく、スマートな印象です。頭部には赤い冠や肉ぜん、耳朶があり、脚には鋭いけづめが水平方向に伸びています。鳥類としての飛翔力は、ニワトリ以上にしっかりと備えています。

体重はオスで900g、メスで600g程度です。オスは首の周りに赤笹と呼ばれる赤と黄褐色の羽毛をまとい、腹部から尾羽にかけてはつややかな黒い羽色をしています。一方、メスの羽毛はウズラのようなくすんだ茶色でとても地味です。産卵はニワトリのよう

セキショクヤケイ

に頻繁ではありません。1シーズンに2回くらい産卵のピークがあり、卵の数は2回で10個程度です。

鳴き声はニワトリと同じように、言葉や文字にすれば「コケコッコー」です。これは4種のヤケイの中でもセキショクヤケイだけの特徴です。また、ニワトリとの交雑を自由に行い、かつ交雑種が常に繁殖力を有するのもセキショクヤケイだけです。こうした事実も、セキショクヤケイがニワトリの祖先であることの根拠となっています。

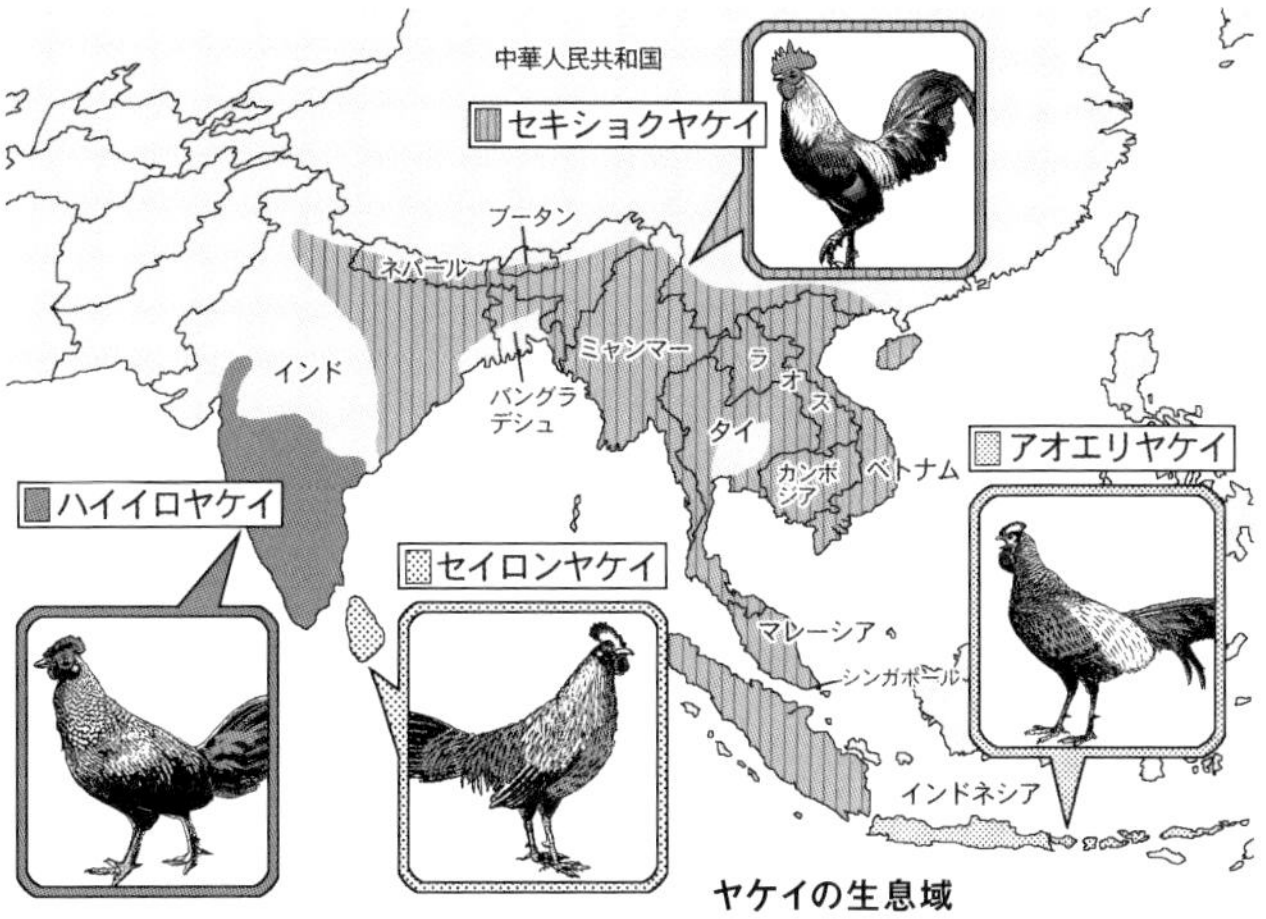

ヤケイの生息域

ヤケイを家禽化した目的は鳴き声と闘争性

野生種を家畜・家禽化するには、そこに人間が何か期待するものがあります。現在のニワトリは、卵と肉の供給がその主たる目的となっていますが、セキショクヤケイを家禽化するに至った最初の経緯は、人の暮らしにおいてもっと非生産的なことにあったのではないかと考えられています。

そのひとつは闘鶏による娯楽です。セキショクヤケイはキジ科の中でも極めて闘争心が旺盛で、群れや縄張りを守るために、相手に対して激しい攻撃を加えます。昔の人たちは、その闘争性に着目したのではないかといわれています。闘鶏は娯楽のためだけに行われていたのではなく、物事を決める際の占いにも利用されていたようです。

もうひとつの目的は鳴き声です。まだ時計のない時代、いつも、ほぼ決まった時間に鳴くセキショクヤケイは、大変重宝されたに違いありません。同時にその声を観賞する楽しみもあったでしょう。

ニワトリが卵や肉を目的に飼育されるようになるのは、家禽化の歴史からみれば、実は、極めて最近のことなのです。

8000年前に東南アジアで誕生し世界中に広がった

はるか昔、人間がセキショクヤケイを捕えて飼いならし、それがニワトリへと変化していく過程は一方向ではありません。そのまま家禽化した個体もいるでしょうが、中には野性に戻ったり、一度、野生に戻ったのち、再び捕獲されたりした個体もいたはずです。家禽化したヤケイに野生種が接近して、交雑したケースも考えられます。そうして、野性と家禽の間を行ったり来たりしながら、セキショクヤケイはニワトリへの道をたどっていったのです。

セキショクヤケイが徐々に家禽化し、初期のニワトリが誕生したのは、今からおよそ8000〜9000年前のタイ周辺ではないかといわれています。中国では、世界最古

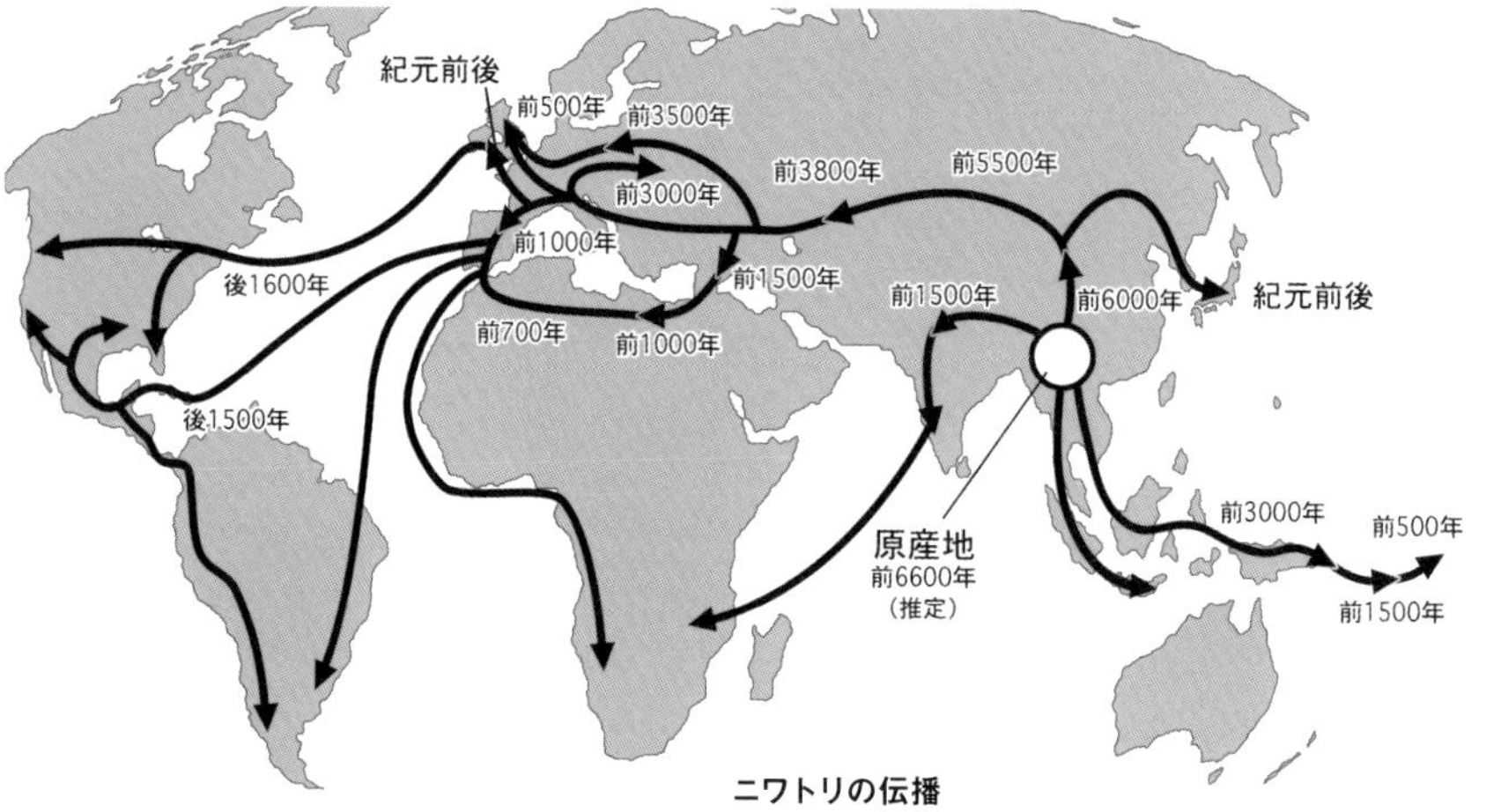

ニワトリの伝播

のものと思われる紀元前6000年頃のニワトリの骨が発見されていますが、中国はセキショクヤケイの生息地と異なることから、ニワトリはそれ以前に東南アジアで誕生していて、人によって運ばれたと推測されています。殷の時代（紀元前17～11世紀頃）の甲骨文字にはニワトリを表す記号が見つかっています。

紀元前2300～1800年頃にインダス文明が栄えたインド北西部のモヘンジョ・ダロの遺跡からは、ニワトリをかたどった印章や粘土像が発見されています。印章には2羽のニワトリが戦っている様子が刻まれており、この時代、すでに闘鶏が行われていたことをうかがわせます。

東南アジアから中国に渡ったニワトリは、その後、西アジアを経てヨーロッパや北アフリカへと広がります。また、インドからは海路で東アフリカに入りました。エジプトでは第18王朝のトトメス三世の時代（紀元前1479～1425年頃）に毎日卵を産むニワトリの記録があり、ツタンカーメン王（治世は紀元前1358～1350年頃）の墓からはニワトリの描かれた陶器が見つかっています。

ヨーロッパにニワトリが入ったのは紀元前1世紀頃、ローマ帝国時代のようです。この頃にはすでに、ニワトリは食用としても求められるようになっており、古代ローマ人はニワトリを肉用、卵用の家禽としてより優れた性質が出るよう育種しました。その後、15世紀半ばに始まる大航海時代以降、アメリカにもニワトリが広がります。

タイの南へは、マレー半島から東南アジアの島々を経てミクロネシア、メラネシアへとニワトリがもたらされていきます。紀元前3000年頃にはニューギニアへ、紀元前1500年頃にはサモアやトンガへ入ったと考えられていますが、なぜかオーストラリアへは伝わらず、18世紀頃にヨーロッパ人によって運ばれたのが最初とされています。

日本にニワトリが渡来したのは弥生時代です。中国から朝鮮半島を経てやってきました。日本で最も古いニワトリの骨は、長崎県で発見された約2000年前のもので、4世紀頃につくられた古墳からはニワトリの埴輪も出土しています。また、日本書紀や古事記の中の神話にもニワトリの存在が確認されています。こうしたことからニワトリは古代日本文化の成り立ちにも大いに影響を与えた家禽であったことが推測されます。

品種の成り立ち

古代ローマ人がニワトリを肉用、卵用として育種し始めてから、およそ2000年。ニワトリはよりよい肉と卵を求めて品種改良されてきました。

古代ローマ人によって肉用鶏、卵用鶏の育種が始まる

8000~9000年前にセキショクヤケイという、たった一種のヤケイから家禽化したニワトリは、現在200を超える品種がいます。当初の家禽化の目的は、ヤケイの習性を利用した闘鶏や時を知らせる声にありましたが、今では、その主たる目的は卵と肉です。

ニワトリが最初に食肉用として利用されるようになったのは、中国においてだと考えられています。また、インドのモヘンジョ・ダロの遺跡からはセキショクヤケイに比べて1.5倍ほどの太さのあるニワトリの骨が見つかっており、肉用としての大型化が図られていたのではないかと推測されています。

ニワトリを肉用、卵用として本格的に育種し始めたのは、古代ローマ人です。古代ローマでは、紀元前350年頃からニワトリの卵や肉を盛んに食べていたことが報告されています。ローマ人が育種した肉用品種、および卵用品種は、その後、地中海沿岸に広がりました。ただ、5世紀頃に鶏肉や卵の食用に興味をもたないゲルマン人の侵攻が始まると、ヨーロッパでのニワトリの飼育や広がりは一時衰退したようです。

その後、現代のニワトリにつながるような品種の多くは、18~19世紀のイギリスやアメリカでつくられていきます。

品種改良に欠かせなかったマレーとミノルカ

現在、私たちが最もよく知るニワトリは、おそらく白い羽毛に赤い冠を持つ卵用種、白色レグホーンでしょう。年間およそ300個の卵を産む非常に多産なニワトリで、世界中で一番多く飼われています。

その祖先はムーア人がスペインにもたらしたカスティーリャ地方のニワトリだといわれています。地中海沿岸で飼われていたものが、19世紀半ばにイタリアのリヴォルノ（英語でレグホーン）という港からアメリカに輸出されたことが名前の由来です。ただし、その後、現在の白色レグホーンがどういう交配を経て作出されたかという記録は残っていません。

ミノルカ

ニワトリの品種で明らかな育種過程が残っているものは、実はとても少ないのです。東京大学総合博物館教授の遠藤秀紀氏の著書『ニワトリ　愛を独り占めにした鳥』（光文社新書）によれば、ひとついえることとして、この頃のニワトリの品種改良では、肉を得るための巨大化と大きくて味がよい卵を生産させることが重要で、マレーとミノルカという品種が欠かせなかったということです。当時、品種改良された多くのニワトリには、この2つの品種の血が入っていたのではないかと推測されています。

マレーはイギリスで古くから飼われていたニワトリで、18世紀には文献に名前が登場します。もともとは南アジアにいたニワトリです。体形は日本の軍鶏に似た直立姿勢で、羽は短く、体重は5kgを超えます。当時は珍しかった大型種で肉質もよく、ヨーロッパにおけるニワトリの大型化に貢献したようです。

一方のミノルカはスペイン領に属する地中海のミノルカ島が原産のニワトリです。その後、イギリスに渡り、19世紀にはひとつの品種として確固たる地位を固めていたようです。体重は約3.5kg。個体により羽色が異なりますが、黒色種が有名で、日本にも明治時代に輸入され、多くのニワトリの品種改良に取り入れられました。ミノルカの特徴は、大きくて真っ白な卵を産むことです。卵重は約65g。産卵数こそ年間130～150個とあまり多くはありませんが、卵は味もよく、優秀な卵用鶏を育種する上で、欠かせない品種だったようです。

ミノルカのように古くからいる卵用種としては、ほかにもオーストラリア原産のオーストラロープや、青い卵を産むチリ原産のアロウカナ、白色レグホーンの登場以前から活躍していたハンブルグなどがいます。これらの品種は日本にも入ってきています。

多産で肉も優れる卵肉兼用種

卵肉兼用種とは、卵の味や大きさ、年間産卵数など、卵用種として優れた性質をもちながら、食用としても利用できる品種をいいます。よく知られているのは、アメリカで19世紀に成立した横斑プリマス・ロックです。これはドミニカ共和国から入ったドミニークという品種とアジアから入った黒色ジャワ、または黒色コーチンなどとの交配から作出されました。年間産卵数は150～250個と比較的多産で、体重はオスで5kg弱、メスで3.5kgほどに達します。肉質もよく卵用種と肉用種が今のように明確に分けられる以前、一目置かれたニワトリであったであろうと思われます。

黄斑プリマス・ロックと並ぶ卵肉兼用種には、1905年にアメリカで公認されたロード・アイランド・レッドがいます。コーチン、マレー、レグホーンなどの交配から作出されたと考えられており、褐色の卵を年間280個ほど産みます。

今、スーパーなどに並んでいる卵は、白色のものは白色レグホーン系ですが、褐色のものは、たいていは交配のどこかでロード・アイランド・レッドの血が入っています。

バフ・コーチン

ブロイラーの交配に活躍する白色コーニッシュと白色プリマス・ロック

ニワトリを卵用や肉用と区別するようになったのは、ニワトリの歴史から見れば極めて最近のことです。昔は卵用、肉用を分ける厳密な基準などなく、若いうちは卵をとって、ある時期がきたら締めて肉にしていました。ところが、合理性を求めていった結果、第二次大戦以降、卵用と肉用が明確に分けられるようになったのです。

もちろんそれ以前にも、肉用とするのに優れた肥育能力の高い品種は存在しています。代表的なのは中国を原産とするコーチン。体重はオスで4.6～5.9kgになり、羽毛は黄色く、脚毛があるのが特徴です。1845年にイギリスに入り、その後アメリカにも渡って、肉づきのいい品種を作出するのに貢献しました。

白色コーニッシュ

また、19世紀後半にイギリスでつくられたコーニッシュは、現在、その内種である白色コーニッシュのオスが、ブロイラーの種鶏として活躍しいています。

ちなみにブロイラーとは肉用鶏の総称で、品種ではありません。その多くは白色コーニッシュと白色プリマス・ロックの交配でつくられています。

コーニッシュの大元はオールドインググリッシュゲームという、イギリスで古くから飼われていた闘鶏用の品種です。それにインドから輸入された、同じく闘鶏用品種の赤色アジールおよびマレーなどを交雑して成立しました。コーニッシュの名称は1886年にアメリカに渡ってからつけられました。当時は闘鶏用でしたが、その後に改良され、食肉用として優れた性質をもつようになります。

多元交配によってつくられる現代の実用的なニワトリたち

私たちが普段食べている卵や鶏肉は、実用鶏、またはコマーシャル鶏といわれるニワトリのものがほとんどです。実用鶏とは、異なる品種を交配することにより、雑種である子が両親より優れた遺伝的能力を得る生き物の「雑種強勢」という現象を利用したもので、品種間、または系統間の多元交配によってつくられます。

一般に販売されている卵は白色、淡褐色、褐色の3タイプがありますが、白色の卵は白色レグホーンの系統間交配によって作出されたニワトリのもの、淡褐色卵は白色レグホーンとロード・アイランド・レッドや横斑プリマス・ロックによる交配、赤玉と呼ばれる褐色卵は白色レグホーンが関与せずにロード・アイランド・レッドや横斑プリマス・ロックがもとになった系統です。ブロイラーと総称される肉用の若ドリも、すべて実用鶏です。

実用鶏はボリスブラウンやゴトウモミジなど名称はありますが、品種として固定されたものではありません。ですから、その卵をふ化させても、親と同じ性質をもった子は産まれないのです。選抜と交配を繰り返して行われる実用鶏の開発は、通常、企業秘密となっています。

日本のニワトリ

日本には、独自に作出された数多くの在来種がおり、中には天然記念物に指定されているニワトリもいます。その多くは観賞用として江戸時代に発展しました。

平安時代の記録にもある日本鶏の祖先種となった小国

日本にニワトリが渡来したのは弥生時代ですが、品種として記録が残るのは平安時代に中国から遣唐使が持ち込んだ小国が最初です。1200年の時を経て現在も愛好家に親しまれている品種で、当時と姿形や性質は変化しているかもしれませんが、これだけ長く品種が継続している例は世界の家畜・家禽でも稀有なことです。

小国は、全体に羽毛が長く、羽色は腹部や尾が黒色で首から背中にかけて白色の白藤と呼ばれる羽色のものが代表的です。平安時代には「鶏合わせ」と称した闘鶏にも使われていた記録があり、闘争心の非常に強いニワトリです。そして、ヤケイを家禽化した目的のひとつが時を知らせることであったように、小国も古い時代からその声が望まれて飼われていました。しかも、ただ正確に時を告げるだけではなく、非常に長く伸びる美しい声で鳴くのが特徴です。

日本のニワトリは江戸時代以降に発展しますが、その多くは外国のように食用を目的としたものではなく、姿形を観賞したり、美しい声を楽しんだりするためでした。容姿端麗で、美声を誇る小国は、そんな多くの日本鶏の祖先種になりました。

世界に類のない尾長鶏と日本三長鳴鶏

江戸時代に日本で作出されたニワトリのひとつに尾長鶏がいます。通常、ニワトリは毎年換羽が行われますが、突然変異で尾羽が落ちず成長していったニワトリを選抜してつくり上げたもので、特別天然記念物に指定されています。

原産地は高知県です。当時、土佐藩の大名行列で、先頭を行く槍の鞘飾りに尾長鶏の尾羽が使われていました。羽については、他藩の間で大きな話題になっていましたがその正

小国

体は藩の秘密とされ、尾長鶏が世間に広く知られるようになったのは江戸時代後期になってからです。尾羽の長さは天保年間で約3m、明治中期に4m、戦後に10mを越し、1970年代には13mの記録があります。

尾長鶏のような形態的に美しい品種は、世界の中でも日本だけがつくり出したとても珍しいニワトリです。

美しい声を求めて作出された品種もいます。日本三長鳴鶏として知られる東天紅、蜀鶏、声良です。

東天紅は、江戸時代後期に土佐の山間部で飼われていた長鳴きの地鶏です。東天紅と名前がついたのは明治20年頃で、夜明けに東の天が紅く染まる頃に時を告げるというのが由来だそうです。三長鳴鶏の中でも、最も長鳴きで「コケコッコー」の最後の音節を引きのばして15～20秒鳴き続けます。羽毛は赤笹で見た目にも美しいニワトリです。

尾長鶏

蜀鶏は張りのある声で鳴くのが特徴です。声の長さは10～15秒。羽色は主に黒色ですが、白色の個体もいます。
もう一種の声良は、低音の太い声で15秒程度鳴きます。軍鶏のような直立した体型で、オスの体重は約4・5kg。日本鶏の中では大型の品種です。

江戸時代に飼育熱が高まり 海外でも人気の高いチャボ

闘鶏は、ヤケイを家禽化した時代からの娯楽で、東南アジアなどでは今も盛んに行われていますが、日本にも軍鶏という闘鶏用のニワトリがいます。背筋をぴんと伸ばし、胸を張って立つ雄姿には闘争心があふれ、ほかのニワトリとは一線を画す威厳に満ちています。

軍鶏のもとになったのは、江戸時代初期に当時シャムと呼ばれていたタイ周辺から渡来したニワトリで、軍鶏という名前もシャムが由来といわれています。軍鶏は大きさによって、大軍鶏、中軍鶏、小軍鶏に大別され、大軍鶏はオスで体重5・5kgにもなるのに対し、小軍鶏は1kgほどです。

東天紅

軍鶏は、もともとは闘鶏用につくられた品種ですが、現在は観賞用としてもよく飼われています。また、肉の味が良いことでも知られ、昔から食肉としても親しまれてきました。
日本で作出された小型の愛玩鶏、チャボもよく知られています。チャボはベトナム中南部のチャンパを原産とする矮小なニワトリが起源とされ、チャボの名称もやはり原産地に

大軍鶏

ちなんだものです。日本には中国を経て、江戸時代初期に伝わりました。その頃から飼育熱も高まり、文政年間には今いるほとんどの内種ができていたとされています。

体重はオスで約700g、メスで約600gとほかのニワトリに比べて極めて小さく、尾羽が立っているのが特徴です。

内種の数は20を超え、代表的なものでは、尾羽と翼の先が黒くほかは白い羽毛の桂チャボや、尾羽が黒く羽毛が赤褐色の猩々チャボ、全身が白い白チャボなどがいます。また、毛が逆立った逆毛や、細い糸条になった糸毛など個性的な品種もつくられ、内種の中にも羽の色や形、冠の大きさなどの変異が見られます。

チャボは海外にも輸出されて、ジャパニーズバンタムの名で愛好家らに親しまれています。

古くから日本にいる在来種と広い意味で使われる地鶏

地鶏という言葉は、地元のニワトリという意味で江戸時代から使われており、地名を冠した岐阜地鶏、土佐地鶏、会津地鶏など、地域品種の総称となっています。

また、明治時代に外国鶏が輸入されるようになってからは、日本の在来種をすべてまとめて地鶏と呼ぶようにもなりました。

さらに近年は、地域特産の実用鶏（日本鶏と西洋鶏の交配種など）にも地鶏の呼称が使われます。やまがた地鶏やにいがた地鶏、甲州地どりなどです。にいがた地鶏は、蜀鶏のオスに名古屋種のメスを交配してできたオスに、横斑プリマス・ロックのメスを交配したものです。土佐ジローや東京しゃもなど、名称に地鶏とつかなくても一般には地鶏とされているニワトリもいます。

こうした実用鶏の地鶏については、日本農林規格で「在来種由来の血液百分率が50％以上のもので、出生証明ができ、かつ28日齢以降1㎡あたり10羽以下で平飼い飼育していること」と、その定義が定められています。このように、地鶏という言葉は今では広い意味で使われています。

一方で、古くから日本で成立した品種をいう場合、在来種という言葉がよく使われます。

桂チャボ

正確には明治時代までに国内で成立、または導入されて定着した品種のことで、日本農林規格には38種が定義されています。その中には、小国や東天紅、チャボ、岐阜地鶏、ウコッケイなどの天然記念物に指定されているニワトリはもちろん、古くから日本に輸入されている外国鶏の横斑プリマス・ロックやロード・アイランド・レッドなども含まれています。

ちなみに比内鶏は在来種ですが、日本三大美味鶏として知られる比内地鶏は、比内鶏のオスとロード・アイランド・レッドのメスを交配したもので、広義の地鶏ではありますが、在来種ではありません。同様にさつま地鶏も、在来種の薩摩鶏とは異なります。

ヤケイを家禽化し、8000年以上を人と共に暮らしてきたニワトリは、日本でも数多くの品種が生まれ、自給的暮らしの供としてはもちろん、その美しい姿や声もまた人を魅了してきました。ニワトリほど多種多様に進化した家畜・家禽はいません。そういう意味でもニワトリは、とても面白い生き物なのです。

日本農林規格に記載されている主な在来種

	名前	特徴
特別天然記念物	尾長鶏	換羽しないニワトリを選抜して作出したと考えられており、鳥類として最も長い尾羽をもち、その長さは10mを超える
天然記念物	鶉矮鶏	尾羽のない愛らしい姿で、体重はオスで670g、メスで500g。名称にある鶉でも、矮鶏でもなく、小地鶏系のニワトリ
	烏骨鶏	江戸時代初期に中国から伝わり、日本で固定された。全身にメラニン色素が沈着し、皮膚、肉、冠、骨などが黒い
	河内奴鶏	独特の3枚冠を持つ小型のニワトリで、性格は好戦的。体重はオスで約900g、メスで750g。羽色は美しい5色
	岐阜地鶏	岐阜県郡上八幡付近で飼われ、地元では郡上地鶏と呼ばれている。年間140～160個の卵を産む
	黒柏鶏	山口県や島根県で昔から飼われていた長鳴性のニワトリで、声の長さは10秒に達する。真っ黒い羽が特徴
	声良	軍鶏のように大型で直立体形の長鳴鶏。体重はオスで4.5kg、メスで4kgになる。羽色は5色に近い白笹
	薩摩鶏	闘鶏用の品種で、脚に剣をつけて闘わせたことから剣付鶏とも呼ばれる。現在は観賞用や実用鶏の親鶏として飼われている
	軍鶏	闘鶏用のニワトリだが肉の味もよく、軍鶏と地鶏などの雑種がよく食肉に用いられる。さまざまな内種がいる
	地頭鶏	あご鬚のある短脚鶏で、肉の味が優れている。現在の肉用鶏みやざき地頭鶏は、地頭鶏から作出した雑種
	小国	平安時代に中国から持ち込まれたといわれ、多くの日本鶏の祖先種と考えられているニワトリ
	矮鶏	江戸時代から愛玩用、観賞用として飼われていた小型のニワトリで、さまざまな内種がいる。
	東天紅	高知県の山間部で江戸時代から飼われていた。日本三長鳴鶏の一種で15～20秒鳴き続ける
	蜀鶏	日本三長鳴鶏の一種で原産地は新潟県。羽色は黒色、または白色。張りのある声で10～15秒鳴き続ける
	土佐地鶏	高知県が原産で日本の地鶏では最も小型。体重はオスで約680g、メスで600g。小地鶏とも呼ばれる
	比内鶏	明治時代には秋田のきりたんぽ鍋の欠かせない食材だった。現在、一般に食べられるのは一代雑種の比内地鶏
	蓑曳矮鶏	尾羽と腰に生える蓑羽が長く伸び、1mに達するものもいる。矮鶏の名称がついているが、矮鶏ではない
	蓑曳	腰に生える蓑羽が長く地を引きずることから蓑曳の名前がついた。嘉永年間に記された「食譜図解」にも記されている
天然記念物以外のニワトリ	ウタイチャーン	沖縄で数百年の歴史をもつニワトリ。鳴き声に特徴があり、「ケッケーッケッ」と高い声で鳴く
	熊本種	明治時代に地鶏とエーコクの交配をもとに改良され、固定された卵肉兼用種。年間産卵数は130～140個
	佐渡髯地鶏	古くから佐渡島内で飼われている地鶏だが、ふ化率が低いことから数が少なく貴重な存在になっている
	土佐九斤	明治時代にエーコクとバフ・コーチンを交配してできた高知県原産の大型鶏で、オスで4.8kg、メスで3.8kgほどになる
	対馬地鶏	肉ぜんの代わりに鬚のような毛ぜんがある。肉は美味で、昔から郷土料理「いりやき」で食されてきた
	名古屋種	明治初期に地鶏とバフ・コーチンを交配してできた卵肉兼用種。商業的には名古屋コーチンの名称で出回っている
	芝鶏	芝鶏とは地鶏の意味で、越後の農家で広く飼われていた猩々羽の卵肉兼用種
	三河種	外国種同士を交配させて大正5年に成立した卵肉兼用種で、当初は岡崎種と呼ばれていた。年間産卵数は220個ほど
	宮地鶏	明治時代に高知県で作出された短脚種で放し飼いに適している。羽色は黒色で年間産卵数は150個ほど
	インギー鶏	明治27年に種子島沖で難破したイギリス帆船からもらい受けた大型の無尾鶏。尾骨はあるが尾羽は生えない
	エーコク	英国鶏が名前の由来だが、実は上海で入手したコーチンの種卵をかえしたものだといわれている
	コーチン	中国原産の肉用種で日本でも多くの品種の作出に活躍した。羽は黄色で脚毛があるのが特徴
	横斑プリマス・ロック	明治20年に輸入されたアメリカ原産の卵肉兼用種。全国で飼育されている。横斑の羽が特徴
	ロード・アイランド・レッド	原産地はアメリカで日本には明治37年に輸入された。実用鶏の親鶏としてよく利用されている

おわりに

Written by Kazuo Imai

フランスの小学校では牛の乳搾りのカリキュラムがあるそうで、だから、フランスの子どもたちにとって牛乳は『温かい』ものだそうです。日本の子どもたちにとって牛乳は、冷蔵されて『冷たい』ものです。

卵も同じですね。産みたての卵はとても温かい。そんな感覚をもつ子どもや大人がひとりでも増えることを願っています。

日本では、食べ物がとても簡単に考えられているような気がします。お金さえ出せばいつでも手に入るものと。そして、安いほうがいいと。

しかし、食べ物とはただお腹がふくらめばいいというものではなく、自分の体をつくっていく大切なものです。農薬や添加物などの体によくないものが入った食べ物、あるいは、化学肥料などを使って大量生産された作物、栄養が偏った加工食品などを食べ続けていると、体は正直に反応し、肉体的にも精神的にも病んできます。まっとうな食べ物をつくるのがどれだけ大変か、実際に自分でつくってみるとすぐわかるでしょう。そんな人がひとりでも増えて、日本という国がもっと農業を大事にする国になってほしいと願ってやみません。

本書ではニワトリを飼うハードルを下げるために市販の配合飼料もすすめていますが、それには多くの国が禁止している遺伝子組み換え作物や収穫後に施用するポストハーベスト農薬などの残留農薬、抗生物質などが含まれています。そういった飼料をやっていると、ニワトリを解体したとき、いやな臭いがします。せっかく自分で飼うのならば、少し手間をかけてでも、できるだけ安全な飼料をやりましょう。それがまっとうな食べ物を得るまっとうな道だと思います。いい食材は手間がかかるのです。

また、できれば、最後は自分でニワトリをさばいてみましょう。すべての肉は誰かがどこかで殺してさばいているのです。

そうやって、自分で食べ物をつくり育て、命を感じ、命を頂くことで、今の自分の食や生き方を見直すことができるかもしれません。そして、日本の食や農業のこと、ひいては、日本人の暮らし方を考えるきっかけになるかもしれません。

ニワトリは動物の中でも一番飼いやすいと思います。勇気を出して一歩踏み出してみて下さい。そこには、今まで知らなかった違う自分や家族がいるかもしれませんよ。

いまい農場・今井和夫

撮影………………… 阪口 克（人力社）
イラスト…………… いわた慎二郎、和田義弥
デザイン …………… 蠣﨑 愛
撮影協力…………… 中村農場

● 増補改訂版　STAFF
装丁・デザイン　平野晶
撮影　阪口 克（人力社）、三枝直路、和田義弥
編集協力　阪口 克（人力社）、強矢あゆみ
編集・進行　塚本千尋（グラフィック社）

● 参考文献…………『自給養鶏Q&A』（中島 正著／農文協）、『新版 家畜飼育の基礎』（阿部 亮 他著／農文協）、『増補版 自然卵養鶏法』（中島 正著／農文協）、『そだててあそぼう ニワトリの絵本』（やまがみよしひさ編／きくちひでお絵／農文協）、『たまご大事典 改訂版』（高木伸一著／工学社）、『卵を食べれば全部よくなる』（佐藤智春著／マガジンハウス）、『日本の家畜・家禽』（秋篠宮文仁・小宮輝之監修・著／学研教育出版）、『ニワトリ 愛を独り占めにした鳥』（遠藤秀紀著／光文社新書）、『日本の有機農法』（涌井義郎・舘野廣幸著／筑波書房）、『ニワトリの科学』（古瀬充宏編集／朝倉書店）、『ニワトリの動物学』（岡本 新著／東京大学出版会）、『鶏料理 部位別の基本と和洋中のレシピ』（猪股善人・江﨑新太郎・谷 昇・出口喜和著／柴田書店）、『発酵利用の自然養鶏』（笹村 出著／農文協）、『品種改良の世界史 家畜編』（正田陽一編／悠書館）、『ペット119ばん ニワトリ』（中川美穂子監修／七尾 純構成・文／国土社）

増補改訂版 **ニワトリと暮らす**

2021年 3 月25日 初版第1刷発行
2024年11月25日 初版第3刷発行

著者：和田義弥
監修：今井和夫
発行者：津田淳子
発行所：株式会社グラフィック社
〒102-0073
東京都千代田区九段北1-14-17
tel.03-3263-4318（代表） 03-3263-4579（編集）
fax.03-3263-5297
https://www.graphicsha.co.jp/
印刷・製本：TOPPANクロレ株式会社

ISBN978-4-7661-3519-0　C0076
Printed in Japan

監修
今井和夫（いまい農場）

1958年生まれ。養鶏農家。1989年に大阪から兵庫県宍粟市（旧千種町）に移住して就農。現在は約1,000羽のニワトリを平飼いし、卵と肉を出荷している。エサは地元の米を使った自家配合飼料と緑餌、水は千種川源流の天然水を使用するなど、安心・安全な食にこだわっている。

著者
和田義弥（人力社）

茨城県筑波山麓の農村で自給自足的アウトドアライフを実践するフリーライター。住まいは丸太や古材によるセルフビルド。約5反の田畑で米や野菜を栽培し、ヤギやニワトリを飼い、冬の暖房を100％薪ストーブでまかなう。著書に『一坪ミニ菜園入門』（山と渓谷社）など。